イギリスで
アンティーク
雑貨を探す

小関由美

JTB

CARNABY DAISY

目次

コラム

Photographer :
B Keskin p25-29, p128-139
Yuri Fukuhara p82-86

Coodinator :
Jun Minohara

Book designer :
Yoshiro Nakamura
Sakurako Hanekawa
@ yen

Special thanks to :
John Clark
Jurian&Rosa
Kotomi&Richard
Masayuki Ishiwaki
Robin Begley
Alex Moll

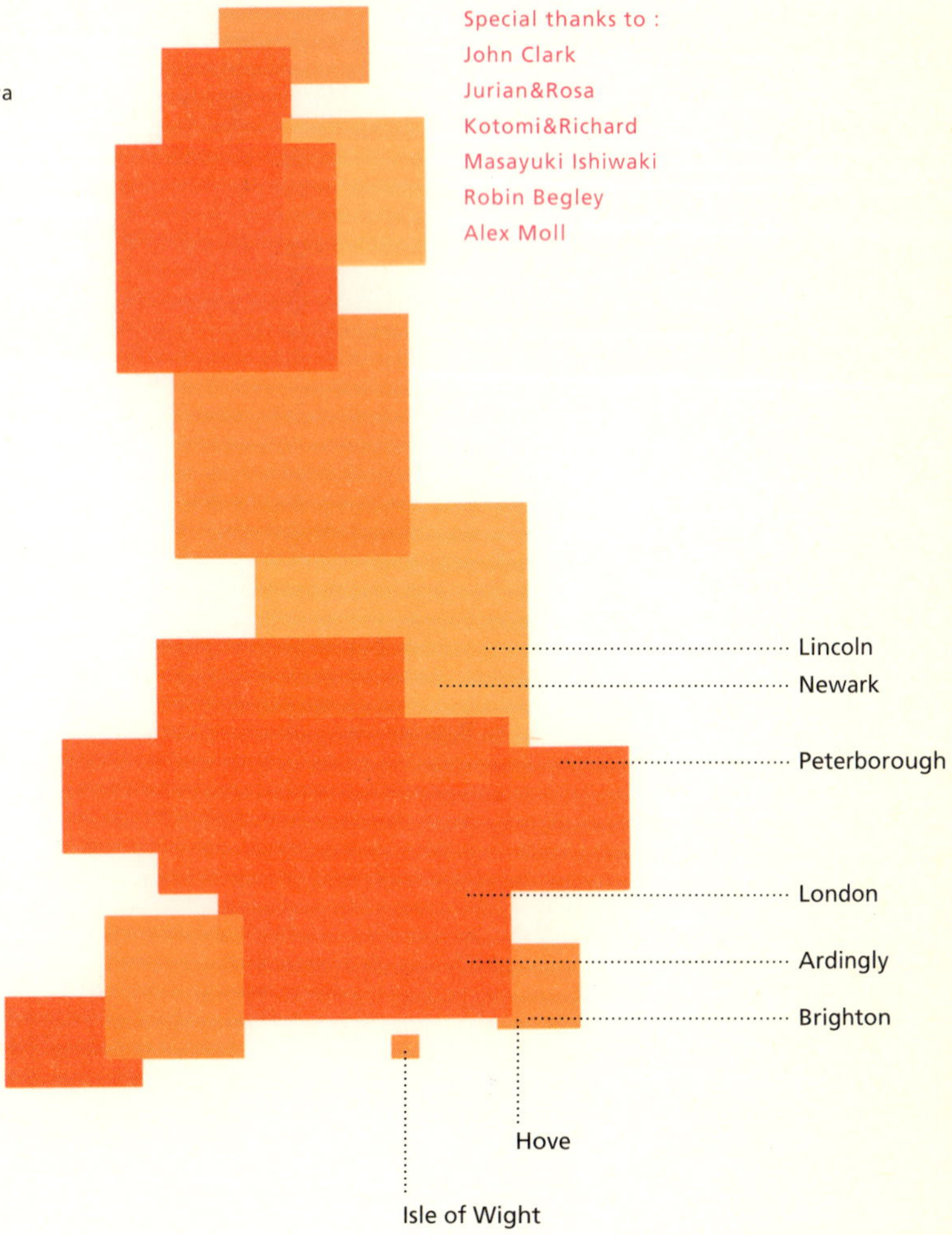

イギリスとアンティーク雑貨と私について

イギリスで暮らすことに決めたのは、それまで勤めていた出版社をやめて、ロンドン&パリ旅行に行った、14年も前のこと。いつかは留学をしたい、海外で暮らしたいとは思ってはいたものの、その行く先をたった2週間の旅で決めてしまった。

パリだってそれはそれは素敵な街だったのだが、

「私が暮らすならこの街、ロンドンしかない！」

と思い込んでしまった。また必ず戻ってこようと。

しかし帰国して仕事を再開すると、忙しさにまぎれてロンドン行きは、だんだんと遠いものに感じられてきた。そんな私の気持ちを変えたのは、母の急死。

「人間て、あまりにもあっけなく死んでしまうんだな。生きているうちに好きなことをしておこう。私だって、いつ死ぬかわからないんだから！」

そして今から12年前、再びロンドンへと向かったのだった。

アンティークと関わり始めたのは、そんなロンドン暮らしでのこと。フラット・シェアしている友人たちはロンドン暮らしの先輩でもあり、私にアンティークのよさを教えてくれた先輩でもあった。わりあいとモダンなものが好きな友人から、ヴィクトリアンという100年くらい昔のものが好きな友人やら、ロココのような豪奢な趣味の友人やらいろいろいて、いろいろな趣味のアンティークを教わったものだった。

実際ロンドンに住んでみると、街もアンティーク、家もアンティーク、そして歩いている方々もアンティーク？　ご老人が多い。アンティークになんの興味もなかった私が、それらになじんでいったのは、ごく自然なことだった。そして当時は貧乏な学生生活。教会のバザーや「スリフト・ショップ」「ジャンブル・セール」などといわれる古着や中古の雑貨を扱う店などへ行った。最初は生活費をきりつめるためだったのに、それがいつのまにか趣味のようになって、安くていいものを探すためによく出かけた。

思えば私の家には、子供の頃から古いものがごろごろとしていた。東京・神田の下町にある万世橋のたもとで、御茶屋をやっていた頃はたいそう羽振りがよかったと、親戚から聞いたことがある。それに加えて父と母が外国製品かぶれで、電化製品やお菓子、食器などの雑貨も外国製が多く、日曜日ともなると、わざわざ青山にあったアメリカン・スタイルのスーパーマーケットまで出かけたものだ。

その後日本に帰ってきてからもロンドンのよさが忘れられずに、

＊モダンなもの
１９５０～60年代の、現在では「モダン・アンティーク」と呼ばれるもの。

＊ヴィクトリアン
イギリスのヴィクトリア女王（１８３７～１９０１）治世の美術様式。「ゴシック・リバイバル」という中世趣味が、建築物や工芸品などに多く取り入れられた。

「ロンドンはおもしろい！」

と、いろいろな人に話していたら、

「ロンドンの本を作らないか?」

というお話があった。フラット・シェアした友人のひとりは絵が描けるので、一緒に何かできたらいいね、などと話していたので、ナイス・タイミング。ロンドンのたのしさが十二分に伝わる本にしよう。それにはなにがいい？ といろいろ検討した結果、「アンティークがいいんじゃないか」ということになった。

その頃、1990年当時は「アンティーク」という言葉が日本でまだ一般的でなく、企画はできたものの、それを説明するのはたいへんだった。直訳してしまえば骨董。しかし日本で考えられている骨董より、もう少し生活に根ざした気軽なアンティークを紹介したかったのだが、なかなか理解してもらえなかった。ロンドンと日本を行ったり来たりして取材を続けながら、3年後に本がやっとできたときは、とてつもなくうれしかった。

その後も思いがけずアンティークやイギリスと縁が続き、自分でもアンティーク・ビジネスを始めたりして、現在にいたっている。

10年前と現在では日本でもイギリスでもアンティークの定義が大きく変わり、それはテレビ番組の影響や、続々とできるアンティーク雑貨店のおかげだったりもするが、以前とは違うアンティークのおもしろさをご紹介できるまでに、時代が変化、多様化してきたよ

＊テレビ番組
イギリスの国営放送局ＢＢＣで放映されている「アンティーク・ロードショー」のこと。日本で数年前にＮＨＫ衛星で放映されていた。

「プール」というブランドのティーカップ＆ソーサー

ギネス・ビールをくちばしに乗せた「トゥーカン」という、陶器製の人形

カップ＆ソーサーにおそろいのケーキ皿がつくと「トリオ」といい、アンティーク価値が上がる。ミッド・ウインター社製

いずれも名だたるアンティーク雑貨、コレクタブルスたち

うに思う。

私が好きな「アンティーク」とは、イギリスではコレクタブルス、あるいはジャンク、ブリック・ア・ブラックなどともいわれていて、それぞれに意味の違いがあるのだが、共通していえることは、あまり芸術的価値はないけれど、それをよいと思う人、つまりコレクター、マニアたちがいて、古いものが今に残されて商品として売られているものだ。

お値段は千差万別、安いものもあれば、マニア垂涎の一品ともなると、数百万円もする。私の買うものはそんな高いものはない。下は数百円から、数万円どまり。これらはアンティークともいえるものもあるし、そうでないガラクタに近いものもある。値段もひとつの価値判断ではあるけれど、イギリスではあまり意味をなさない。というのも、アンティークというのは、高級品という定義ではないからだ。

最初は日本で誤解を受けがちだったアンティーク＝高級骨董ということに関しても、最近はだんだんと理解が広まってきて、アンティークでもあり、そうでもなし。「アンティーク雑貨」というのが、日本語に直すと、今いちばん私の好きなものにぴったりあっている。まあ理屈はさておき、「ちょっといいな、コレ」と思ったものが、たまたまコレクタブルスだったので、なんだかそういった収集家への道をどんどん進んでいる、ということでもある。

＊コレクタブルス
COLLECTABLES。収集家が好きそうな、いわゆるちょっとウンチクのある一品。コレクターズ・アイテムともいう。

＊ジャンク、ブリック・ア・ブラック
「JUNK」＝ガラクタ、くずもの、くだらないもの。「BRIC A BRAC」＝雑多なアンティーク。他にも「FAKE」＝フェイク、にせものなどの言葉がある。ジャンクやフェイクという言葉はあまりいい意味にとられないので、通常はブリック・ア・ブラックが使われている。

とにかくアンティークでもコレクタブルス、ジャンク、ブリック・ア・ブラックでも、ご自分がいいな、と思ったものを見つける喜び、集める喜び、それを探す喜びを、味わっていただきたい。趣味は千差万別、人それぞれ、その先は高級骨董の世界へと奥深く入っていくのもよし、コレクタブルスの道を極めるもよし、なんとなく好きなものを集め続けるもよし、自分が楽しむことがいちばんだ。しかし自分の趣味を楽しんだ上で、人の趣味を認める寛容な心も持っていたい。私はいつも、そう考えている。そんな気持ちをわかっていただきながら、なおかつご自分なりのアンティーク雑貨を探すことができるように、少しでもお手伝いさせていただけたら、と思いながら、この本を書いている次第である。

Royal College of Art
GILROY
is good for you
An Exhibition to celebrate the Centenary of the Life Work of the Artist John Gilroy
JULY 16 • SEPTEMBER 3
ADMISSION FREE
GUINNESS

My Goodness-
a 200th birthday label !
1759 1959
GUINNESS
EXTRA STOUT

An Exhibition to celebrate the Centenary of the Life & Work of the Artist John Gilroy
GILROY
is good for you

ビール会社ギネスの広告をほとんど手がけたイラストレーター、ギルロイ（John M Gilroy　1898～1985)の生誕100年を記念したエキシビション。とくに1930～50年代の広告イラストが有名。イラスト以外にも、最近私のお気に入りであるコレクタブルスが多数展示。ロンドン以外でも彼の生まれ故郷であるグラスゴーで、エキシビションが行なわれた。

「今度はどこへ行こう?」

といっても、私の場合は「イギリス国内のどこへ?」ということなのだが、12年前にロンドンで暮らしてから、すっかりイギリスびいき、イギリス好き。それから1年に1回、ないしは2回おとずれるという生活。滞在はだいたい1か月ほど。ホリディ・フラットという、ウイークリー・マンションのようなものをいつも借りているのだが、ここ数年人気らしく、予約を取るのが難しくなってきて、1年前から交渉する。なので、旅のプランもしぜんと1年前から計画するようになっていた。

けれど2000年の秋は、ロンドン行きが決まったのが出発日の10日ほど前。「もし行くようなら、泊めてくれ」とロンドンの友人にふだんからたのんでいたので、「なんだ、飛行機のチケットさえ取れたら、すぐにでもロンドンに行くことができるんだ。いつものように1年も前から予定を立てなくとも」と気がついた。

「ヒースローはヨーロッパの玄関口」と呼ばれているほど、飛行機の発着が多いことで有名なので、連休などの混雑しそうな日を除けば、飛行機のチケットはわりあいと簡単に手に入るのだが、取りにくいのがホテル。

*ホリディ・フラット
1日単位、1週間単位で借りることのできるアパートメント・ホテルのこと。一般的に長く滞在すると割り引きになる。くわしくは、イギリス政府観光局にパンフレットがある。

ロンドンへ行くという人に宿泊先をたずねると、それがまだ決まっていない、どうやら出発日ぎりぎりまで決まらないようだ、などという話をよく聞く。それもイギリスのホテルは高いわりに施設が古いものが多く、歴史はあるが湯が出なくなったり、サービスが悪かったりすることがよくある。そういったこともあって、私はなるべくホリディ・フラットを使っている。どうしてもホテルに泊まりたい、という人には、不便を承知でその伝統が楽しめるような小さなホテルか、あるいはアメリカン・タイプの便利のいい場所にある、設備のいいホテルをすすめることにしている。

日本にいても、いつもロンドンのことを考えているから、今回のように急の旅立ちでも準備はOK。集めておいた資料を飛行機の中で読むことにして手荷物用バッグにがばっと放り込み、持って出かける。だいたいの予定は「アンティーク・ダイアリー」というマーケット&フェア情報誌でチェックしてあるので、あとはあいている時間にどこへ行くかを考えるだけ。

私のロンドン旅は、いつもアンティークを中心に予定が決められるので、いつ、どこでどんなフェアがあるかは、ふだんからチェックしているし、だいたい同じ時期に行なわれるので、しぜんに覚えてしまっているものもある。今回の旅の中心は、「ニューアーク」という、年に3、4回しか行なわれない、とてつもなく大きなフェアへ行くこと。それに

＊アンティーク・ダイアリー
『ANTIQUES Diary』アンティーク・マーケットやフェア、オークション情報が掲載されている隔月の情報誌。フェアの広告などは要チェック。大きい広告ほど、フェア自体も大規模なことが多い。
Web address:
antiquesworld.co.uk/antiquesdiary.html

＊ニューアーク
ロンドンより北へ約250キロの「Newark&Notts Showground」で行なわれる、イギリス最大規模のアンティーク・フェア「The Newark International Antiques & Collectors Fair」のこと。

予定をあわせたので、急な旅立ちとなってしまった訳だ。それに秋はこのフェア以外にも、他のシーズンに比べてたくさんのフェアが待ち構えている。1年のうちでもっともアンティークが出回る時期といえば、クリスマス・シーズン前の11月下旬から12月のクリスマス休暇前あたりまで。人々がクリスマスのプレゼント用に、いつもよりちょっといいものを買い求める、あるいは家にあったお宝を売って、プレゼント資金にするためである。もともとイギリス人というのは、ちょっとした贈り物をしあうのが好きな人々だな、と感じてはいたのだが、クリスマス・プレゼントになると、それが尋常ではなくなる。

そのシーズンに街へ出ると、デパートは大混雑、道行く人々は大荷物をかかえている。友人の友人などは、クリスマスが終わると、次のクリスマスに備えて、プレゼント貯金を始めるそうだ。親戚や友人の多い人は、さぞやたいへんなことだろう。

飛行機といえば夏に行ったとき、オーバーチャージを取られてしまった。私はいつも大荷物をかかえて行くのだが、32キロというのは、記録かもしれない。そのほとんどが資料とたべもの（日本食）なのだが、まあ他にもぎゅうぎゅうに詰め込んだせいもあって、まったくそれはいたしかたがない、というところだった。

おおかたの荷物の中身は、通常の旅行者とあまり変わらぬと思うのだが、アンティーク旅になくてはならないのが、ガムテープとバブルラップだろうか。アンティークの梱包用に使う。両方とも、もちろんイギリスでも売っているが、日本製品のほうがなぜか頑丈。本格的に買い付けをするときには大量に必要なので、梱包材会社に買いに行く。が、自分用にちょっと買ってくる場合などは、トランクの片隅にでも詰めて行くと便利。こうしたものは必要になって探してみると、意外に売っていなかったりすることがよくある。イギリス、たとえロンドンでも日本ほど便利ではない。

それと、イギリスは日本と比べると基本的に寒い。夏でも長袖が手放せないことも多い。しかしひとたび天気がよくなると、日差しが照りつけ、急に暑くなることもよくある。1日の天候がめまぐるしく変わる。だからそのときの気温に応じられるように、薄手のものを何枚か着るようにしている。脱いだり着たりが忙しいが。

今年出かけたときは、夏と秋、偶然にも同じ服装をしていた。たぶん冷夏だったせいだろう。長袖Tシャツにフリースのベスト、タイツとロングスカートである。他にジャケットを持っておき、気温に応じて、ジャケットを着たり、脱いだり、フリースも脱いだり着たり。それを2、3日繰り返していると、イギリスの気温に自分の体が慣れてくるのか、そんなに脱ぎ着を繰り返さなくてもよくなるのが不思議だ。

私はロンドンに着いて2、3日は時差ボケしているので、そのあたりはゆるやかなスケジュールにしておく。ここでムリをすると、旅の終わりまで体調が悪い、なんてことにつ

＊バブルラップ
ロンドンでは梱包材会社、大きな文房具店、雑貨店が併設されている郵便局、大規模なアンティーク・フェアなどで手に入れることができる。

ながることもある。ちょっと出かけて、疲れたら宿泊先に戻って昼寝、なんてのを繰り返していくと、いつのまにか時差ボケがなくなっている。

そうはいっても、体調が悪くなったり、風邪をひいたりすることもよくある。そんなときのために、風邪薬と日本食は必ず。それも消化のよい、温かい、すぐに食べられるもの。レトルトのおかゆやカップうどんなど。結局食べなかった、なんてこともよくあるが、

「食べようと思えばすぐに食べられる」

という安心感のほうが、私には大切なのかも。くいしんぼうの私には、おまもりがわりともいえよう。

そうして成田から飛行機に乗り、約13時間後にはヒースロー空港到着。飛行機の窓から、煉瓦色の小さな家が立ち並んでいる街が見えたら、もうそこはロンドン。うれしさがつのってくる瞬間だ。あとはいつもどおり。飛行機がやや遅れたのと、イミグレーションが大混雑していたのをやりすごせば、空港でレンタカーをピックアップ。いつもヒースローから中心部へ向かう途中で迷うのだが、それもなく、今回泊めてもらうジュリアン&ローザ宅へとスムーズに到着。用意してくれていた、おいしーいローストビーフとワインでカンパイ！　そんなさいさきのよい、旅の始まりであった。

＊イミグレーション
入国審査。日本からの到着便は、たいていイミグレーションが混雑する夕方に着くのだが、大行列に対し、審査官が2、3人しかいないことが多く、1時間以上待つこともある。合理化が中途半端なイギリスの、代表的な一例である。

モダン・アンティークが集結、アール・デコ・フェア

アメリカでは100年以上たったもののことでないと、「アンティーク」とはいわないと、アメリカン・アンティークの本で読んだことがある。イギリスのアンティークは、そのへんがゆるやかで、50年くらい前のものでも「アンティーク」といってしまったりする。が、やっぱり100年以上のものが本筋、それに満たないものはジャンクやブリック・ア・ブラックなどと区別されることもある。

けれど最近はファッションの流行もあいまって、シックスティーズ、セブンティーズのものなども、アンティーク・マーケットによく出回るようになってきた。これらをなんと言うのだろう？　ジャンクと呼ぶにはあまりにも高価なものばかりだし。と思っていたら、「モダン・アンティーク」という言葉を教わった。イギリスのアンティーク雑誌からだったと思う。

そのモダン・アンティークの宝庫に、「アール・デコ・フェア」というのがある。本来はアール・デコという、１９２０年代から40年代くらいにかけて流行した、幾何学的なデザインのアンティークを集めたフェアなのであるが、最近はフィフティーズやシックスティーズのアンティークも入り込み、ますます私の好きなものが集まるフェアとなってきた。

＊シックスティーズ、セブンティーズ
　１９９０年代は、映画『オースティン・パワーズ』などにもみられるように、１９６０～70年代スタイルが大流行した。アンティークの世界でもこれらは高値を呼び、若者中心のマーケット、カムデンでは、この年代の家具やファッション小物を扱う店が増えた。

　ただ、アール・デコはコレクター、とくに男性が多いので、これから値が上がることはあっても下がることはまずない、定番人気のアンティークなのだ。最初にアンディ・ウォーホルが集め始めたことで、人気が出てきたそうだ。『オークションこそわが人生』という本の中に、ウォーホルがアンティークのコレクターであったことを語る章があるが、彼の好みは、「先見性に富んだ非凡なもので、最悪の場合でも風変わりなおもしろさを感じさせた」そうだ。陳腐なもの、平凡なものはめったになかったという。

　デコとよく比較対照されるのが、その前に流行した「アール・ヌーヴォー」だが、ウォーホルはこちらもコレクションしていたそうだ。植物をモチーフにしたゆるやかな曲線が芸術的な優美さを作り出し、日本でも女性に人気がある。ガレのランプ、ミュッシャのポスター、今でもパリのメトロ（地下鉄）の入り口などにはその名残がある。

　ヌーヴォーもデコも、パリで始まったけれど、デコはさらにアメリカへと伝わった。まさに世はジャズ・ブーム。新しく生まれた音楽と新しいデザイン。エンパイア・ステート・ビルなど、最新といわれる建築物に、このスタイルが積極的に取り入れられた。

　けれど私がニューヨークに行ったときには、アール・デコのアンティークはほとんど見られなかった。どこに行ってしまったんだろう。デコの時代には国力が衰えてしまったイギリスに、たくさん残されているのはなぜ？

＊アンディ・ウォーホル
Andy Warhol(1928〜87)。アメリカのポップ・アーティスト、映画作家。チェコスロバキアからの移民家庭に生まれる。1962年、マリリン・モンローの肖像画やキャンベルのスープ缶などをシルクスクリーンで繰りかえし描いて並列させた作品で、話題を呼んだ。

さて今回のデコフェアは、ロンドン・バタシーというテムズ河の南側にある街のタウンホールで行なわれた。

1 アール・デコ・フェアがよく行なわれる、バタシーのタウン・ホール

2 プールやステンレスものなどを売っていた業者
3 タウン・ホールが少し奥まったところにあるため、大通りにはこの目印がある

＊タウンホール
町（市）庁舎。内部には公会堂があり、コンサートや会議などに使われる。

2、3度このタウン・ホールには来ていたのだが、場所がわからずにあたりをぐるぐると車で探したこともあった。迷いながら立ち寄ったパブ（たしかヴィクトリア女王か、アルバート公の看板があったような。店名は忘れた）で食べたランチがおいしかったり、ヴィクトリア女王由来のパブらしく、女王関連の絵画やアンティークが飾ってあるのを見るのもおもしろかった。慣れてくるとすっと行くことができるので、時間の短縮にはいいが、こうした発見がないのが、ちょっとつまらない。でも迷うと必ずナビゲーター役の私と、運転手役のダンナとケンカが始まるので、それでまた疲れたりするのだが。

アンティーク・フェアの始まりは、オープン前に業者が準備しているということはほとんどなく、お客さんも売り手も同時に会場になだれ込むので、開場直後は売り物を中に入れたい人や、台車を外に出したい人やら、お客さんやらが入り乱れて大騒ぎである。本格的な買い付けのときはこの中に入り込んで、運んでいる最中の家具に頭をぶつけたり、人に足を踏まれたりしながら掘り出し物を探すのであるが、今回は自分用&リサーチなので、騒ぎがおさまるまでカフェで朝食をとることにした。

ダンナはベーコン・バップという、丸くて平らな形をしたパンにベーコンが挟んであるもの。私はサーモンとクリームチーズのベーグルにする。もちろん飲み物は、ミルク・ティー。日本で売っていると見向きもしないのだが、ロンドンに来ると食べたくなるのがベ

＊サーモンとクリームチーズのベーグル

159 Brick Lane, London E1

ーグルだ。お気に入りの店がブリックレーンという下町にあるのだが、最近あのあたりに行くことがないので、ひさしぶりに食べてみた。サーモンがたくさん入っていて、おいしい。ダンナのも、ベーコンしか入っていないがおいしかった。イギリスのベーコンはしょっぱいので、パンによくあう。

さあおなかもいっぱいになったことだし、アンティークを見てみよう。40軒くらい出店しているであろうか、ここはホールが小さいため出店数が少ない。入り口付近の店からゆっくり見ていくと、いきなり目についた。この前のロンドン滞在のときに、フラムのデコフェアで買った、キース・マーレイがもっと安く出ている！

ショック。前回はデコ・フェアに1度しか行かれなかったので、ちょっとあせって買ってしまったようだ。ましてやフラムは高級住宅街、そうしたところで行なわれるフェアは、お値段が高めに設定されることがある。

キース・マーレイというのは、ウエッジウッドのデザイナーとして、デコの時代に活躍した人。つい最近まで勝手に女性だと思い込んでいたが、今回買った陶器の本に、「彼は…」と書いてあって、初めて知った。以前から「ひとつ欲しいな」とは思っていたものの、高すぎて買うことができなかった。三宅一生が集めていると、だれかに聞いたことがある。

私がアンティークを買うときのひとつの目安としているのは、「気負わないで買うことのできる値段」。気負って高価なものを買うと、そこに無理やりブランドや価値を見つけ

＊お気に入りの店
「BRIC LANE BAKERY（ブリックレーン・ベーカリー）」のこと。

＊キース・マーレイ
Keith Murray（1892〜1981）。ガラス製品、銀器、そして陶磁器のデザイナー。1933年、フリーランスのデザイナーとしてウエッジウッド社で働く。彼のデザインは、建築家だけに、現代的なシャープさ、マットな質感が特徴的。

＊ウエッジウッド
スタッフォード・シャー、ストーク・オン・トレントの6つの町のひとつ、バーレズムで3代続いた窯元の家に生まれたジョサイア・ウエッジウッドが、ジャスパーウエアなどを発明し、イギリスを代表する陶器ブランドとなった。

Art Deco Fair in London

時計、陶器などもいろいろあるが、ステンレスものを扱う店は、意外に少ない

プール（中央の花瓶）など、私の好きなものを多数扱っていたショップ

プールの鹿の絵皿を見ている店主

Art Deco Fair in Hove

この通りに、ホーブのタウン・ホールはある

出そうとしてしまう。私の場合はちょっとしたおこづかい、金額にするとひとつ1、2万円前後を目安にしている。

以前は安いものを少しでも安く、少しでも多く買いたい！　という欲が強くあった。そうして買ったものがウチに満ち溢れ、今では「もうこれ以上はいらないかな?」というところ。最近の私は「いいものをひとつ」派になってきている。そんなときに、キース・マーレイ。彼の代表作、「Engine-tuned」というデザインのフルーツボウルは、300ポンド（当時のレートで約5万円）。高すぎて買えず。なので「このへんからマーレイに入るのが妥当かな」という、マグを買った。80を70にしてくれた。

このマグは、「イギリスの陶器のふるさと」と呼ばれている、ストーク・オン・トレントのウエッジウッド・ミュージアムで見たことがある、1930年代の作品。私が買ったのは、ベージュのようなレモンイエローのような色合いのものだが、グリーンも独特な色で、マーレイの代表的な作品のひとつだ。

今回、いっそもう1個、色違いでグリーンを買っちゃおうかな、なんても思ったのだが、それは次回のお楽しみとして、取っておくことにした。

そんな中に、私の好きな陶器ブランド、プールを売っている業者がいた。プールの陶磁器は、1950年代のテーブルウエアが「コレクタブルス」として、アンティーク・マー

＊ストーク・オン・トレント
イギリスでも陶芸向きの良い土が出ることで有名な、スタッフォード・シャーにあり、6つの町から構成されている。ここ数年は産業である窯業の低迷化と人口減少傾向にあり、荒廃しているらしい。

＊プール
イギリスの南西部、POOLEという港町にあった「プール・ポテリー」で作られていた陶磁器。ロンドンでの展示会や、女王の会社訪問など、1950年代に最盛期を迎えた。

ケットやフェアなどでもよく売られている。ハンド・プリント、つまりひとつひとつ手描きされたものが有名だ。

他にもステンレスものなど、扱っているものの趣味があうので、写真をとらせてもらい、名刺をもらう。デコ・フェアに出店している人たちは、月に1、2回行なわれる各地のデコ・フェアをぐるぐると回っているので、違うフェアで同じ人に会う場合がよくある。この10日後に行なわれたブラントンのとなり町、ホーブでのデコ・フェアでも会えるかな、と思っていたら、そのときにはいなかった。

ゆっくりじっくり見て、休憩時間も含めて2時間弱いただろうか。今回はもう一度デコ・フェアに行くので、今日はこのへんにておしまい。お天気がすばらしくよいけれど、秋の風が冷たい。澄んだ空の中をゆっくりとドライブしながら帰った。

Brown & Polson
1

2

3

HORNHILL BOOKS
If you cannot see what
you want - please ask
VISA
CHRISTIE'S
ART
DECO
EDWARD LUCIE-SMITH
ART DECO
SOURCE BOOK
The 1930s
Home
4

1 アール・デコ・フェアでは、この円形のディスプレイ棚がよく使われている
2 鏡を使っている、典型的アール・デコ・スタイルの置き時計
3 陶磁器を主に扱っている店
4 アンティーク関係の書籍を主に扱っている「THORNHILL BOOKS」

Art Deco Fair in Hove

英国最大のフェア、アーディングレイ&ニューアーク

イギリスで最大のアンティーク・フェアを主催しているのは、DMG ANTIQUES FAIRSという会社。ここのフェアは、出店数が数千軒という大きなフェアばかりなのだが、年に数回しか行なわれないので、このフェアめあてに旅のスケジュールを組むことが多い。

今年は夏にアーディングレイ、秋はニューアークに行ってきた。1年のうちにビッグ・フェアに2度行くことができたのは、ひさしぶり? いや初めてかもしれない。それでふたつのフェアの違いがよくわかって、なかなか興味深いものがあった。

まずは夏に訪れたアーディングレイから。フェアとしては遅めの開場、午前10時ということなので、8時すぎにロンドン・ヴィクトリアステーションへ。いつもは車で行くのだが、運転手役のダンナがこのときいなかったので、交通手段をDMGのホームページで確認しておいた。イギリスの鉄道はわかりにくいと評判なのだが、私たちの乗る路線はブライトンという有名な観光地が終点なためか、本数も多くすぐにわかった。一行はローザちゃん、ローザちゃんの友人のペコちゃん、私の友人でカメラマンのユリさん、それに私というメンバー。駅ではみんなで手分けして、時刻表をチェックしたり、チケットを買った

＊DMG ANTIQUES FAIRS
イギリス最大規模のアンティーク・フェアを企画運営しているDMG ANTIQUES FAIRS LTD. のこと。年間でイギリス国内約11か所の会場でフェアを開催している。
www.dmgantiquefairs.com

＊アーディングレイ
ロンドンより南へ約40キロの「South of England Showground」で行なわれるアンティーク・フェア「The Ardingly Antiques & Collectors Fair」のこと。

り。

45分も乗っただろうか、ヘイワーズ・ヒースという駅で降りて、そこからタクシーに乗り換え、会場へ。人々が争うようにしてタクシーへと群がる。でも大丈夫、たくさんのタクシーが待ち受けていた。きっとこの便がいちばん開場時間に近いのだろう。ワゴン車ばかりなのは、アンティークを大量に買った帰りのお客さん用?などと想像しながら、私たちもタクシーに乗り込む。

そういえば、会場に向かう途中に小さなアンティーク・ショップと雑貨屋さんがある。ここはかつてわんさかとお宝があったものだったが、最近では品数もだいぶ減ってしまって、あまり立ち寄らなくなってしまったなあ、などと思い出していると、ちょっとした渋滞。フェアはたいてい街や村のはずれにある農場などで行なわれるので、会場まではだいたい一本道。そこへ業者もお客も車で乗り入れるから、開場近くはいつも大渋滞、ということになる。

これがいつも不思議。日本だったら前の日とか、当日業者は朝から準備したりするのがあたりまえだ。それなのに、イギリスではほとんどのフェアがお客も業者も一緒。開場して1時間くらいは、トラックやバンが会場内で自分たちのスペースを探し回るから、気をつけて会場を歩かなくてはならない。のんびりしているというか、おおらかというか。

タクシーに乗って、15分ほどで到着。アーディングレイは約1300軒の出店。今回は

*ヘイワーズ・ヒース
アーディングレイ近くにある、ウエスト・サセックスの中でも大きな町のひとつ。

手前から、ウエッジウッド、キース・マーレイ、グレイズ

イギリスの南西部・ワイト島のポーセリン・マークが入った陶器のセット

取材ということで、開場前に入れてもらった。人々が準備している姿を見ながら、めぼしいものをすでに目が探している。

けれど、このときは取材がメインで買い付けはなし。自分のコレクションのためのチェックにとどめる予定だった。ローザちゃんはフラットを買ったばかりなので、いいものがあったら買う、という姿勢。ペコちゃんはアンティークが好きらしく、こっちが見ていても気持ちいいほど買っていく。うらやましい。

それに今日は絶好のフェア日和。大きなフェアは主に屋外で行なわれるので、天候の影響を受けやすい。夏は土ぼこりと直射日光に、冬は雨と寒さにやられやすい。その点今日は夏とはいえど、少し肌寒い感じ。ゆっくりと歩きながら、アンティークを見て回る。

買わない、などと決心したわりには、たやすく自分の好みのものに吸い寄せられていくのは、いつものこと。ここでの掘り出し物は、デコ・フェアで買ったキース・マーレイにそっくりな色とツヤのマグ。取っ手が丸みを帯びていて、アルファベットのOに似た感じ。ポーセリン・マークを見ようと裏返してみると、「GREY'S POTTERY STOKE-ON-TRENT ENGLAND」と書いてある。もしやこれは、あのスージー・クーパーがデザイナーだったグレイズのこと？　たしか、ストーク・オン・トレントにあったはず。しかしスージーがグレイズでデザインした陶器のポーセリン・マークは、帆船のイラストだった

＊ポーセリン・マーク
陶磁器の質を保証するためにつけられるマーク。メーカー、年代などによって違う。また、ハンド・ペイントの場合は、マークの脇などに手書きのサインが入る。

＊スージー・クーパー
Susie Cooper(1902〜1995)はアートスクール卒業後、スタッフォードシャーのグレイズにて、陶器のデザインを始める。自分自身で会社を始めた時期もあったが、その後ウエッジウッドのデザイナーへ。長きに渡り活動した彼女の作品は、柔らかい色調の花柄あり、幾何学模様のアール・デコ・スタイルありで、作品はヴァラエティに富む。アンティークとして人気があるのは、バラをモチーフにした「パトリシア・ローズ」。1930年代の作品。

＊グレイズ
スージー・クーパーがウエッジウッド社と契約する前にデザインをしていた窯。

コーヒーを専門に扱う屋台「カフェ・エクスプレス」

ごひいきの「トーステッド・サンドイッチ」の屋台

仮設パブとなる「ライセンス・バー」。イギリスではライセンスのない場所で、ビールを飲むことが禁じられている

アンティーク・フェアの会場では、食べものの屋台が連なる通りが必ずある

↑ホーローのキッチン用品は、アンティーク・フェアには欠かせないアイテム

←モダン・アンティークの家具は、ここ数年フェアに登場し始めた

ような。いろいろな考えが頭を駆け巡る。もしスージーだとしたら高いはずなので値段を聞いてみると、店のおばあさんは、私の顔を見ながらちょっと考えている。もしかして、とても高いものなのか。

「フィフティ」

それは高すぎて買えない。え?

「フィフティーンだよ」

聞き間違えていた。15ポンドだった。

それだったら、たとえスージーじゃなかったとしてもいいか。帰ってからポーセリン・マークを調べてみる楽しみもあるし、と、買ってみた。

その後、休憩時にしげしげと見ていたら、

「いいよ、それは。色と形がグッド」

と見知らぬ男に話しかけられた。それはどうもと礼を言い、ちょっと鼻高々な気分。

日本に帰ってきて調べてみたら、私の持っているスージー・クーパーの本ではわからなかった。スージーに詳しい友人に聞いてみたところ、「たぶんスージーだろう」とのこと。でもまだわからない。これからも調べ続けてみるつもりだ。

このときにもうひとつ見つけたのが、「ワイト島焼」。ワイト島は、ブリテン島の南側に

この頃の作品は磁器ではなく陶器なので、壊れやすいが独特の風合がある。グレイズで作られた作品が彼女のベスト、と評価するコレクターも少なくない。

ある小さな島なのだが、ヴィクトリア女王がことのほかお気に入りで、最後はここにある別荘、オズボーン・ハウスで亡くなった。私もこの島が好きで、2、3度行ったことがある。ヴィクトリア女王のゆかりのアンティークを別荘にて見るのもおもしろいが、カーフェリーに乗って島へ渡る、というのがなんとも気持ちよい。夏はマリンスポーツを楽しむ人々やヨットレース見物の家族連れなどで、とてもにぎわう観光地でもある。

そのワイト島に、陶器の会社があるとは知らなかった。これも帰ってから、あるいは次回ワイト島を訪ねたときにでも調べてみよう。ぐい飲みぐらいのサイズのものと、それよりひとまわりぐらい大きく、真ん中が半分に仕切られた陶器のセット。

「これは何に使うの？」

と売っている人に聞いてみたが、わからないとのことだった。

私はたぶん、塩コショウ入れじゃないかと思うんだけどな。現在のような、振りかけるタイプの塩コショウ入れが登場したのは近年のこと。約100年前は小皿に塩を入れて、手でつまみ振りかけるか、「ソルト・スプーン」という、専用の小さなスプーンを使っていた。胡椒は当時贅沢品だったので、同じように食卓にあったかどうかは定かではない。この陶器はそれの変形版、年代も古くなさそうなので、1950年代頃の塩コショウ入れでは!?

お昼近くなるとだんだんと暑くなってきた、ベンチでビールつき休憩をする頃には、太

＊専用の小さなスプーン
銀製のものが、アンティークとして出回っている。

陽は真上、日に焼けてきたのか、顔がちょっと火照ってくる。

でもこのときのいちばん忘れられないお買い得は、ローザちゃんが買ったブレッド缶だなあ。ブレッド缶というのは、パンを保存するためのブリキにホーローをコーティングした缶のことで、定番は白地のエナメルに紺か黒の文字で「Bread」と書いてあり、長方形の寸胴型をしている。1920〜50年代くらいまで作られたもので、アンティークとしては定番中の定番。これを買い始めるところから、アンティークのコレクションが始まるといってもいいかもしれない。

アメリカのリビング雑誌などにもよく登場するので、アメリカでも同じものが作られていたんだ、なんて考えていたのだが、ブレッド缶はイギリスでしか生産されていなかったそうだ。

「アメリカ人がこないだ、ブレッド缶を300個注文していった」

などとイギリスの業者に聞いたことがあって、ちょっと驚きだった。

私も普通のタイプのものなら持っているのだが、このときのは「Tala」というキッチンメーカーのブレッド缶を、ローザちゃんが買った。私はこのタラが大好きなのだ。あまりにうらやましそうな顔をするので、

「いらなくなったらあげるわよ」

「Tala」のブレッド缶

＊Tala
イギリスのキッチン雑貨メーカー。代表的なものは、1930年代頃のじょうご型をしたメジャーカップ。現在でも作られており、「コンラン・ショップ」などで販売されている。

1 ディスプレイ棚などを使わず、このように地べたに商品を置く店も少なくない
2 バスケットは人気アイテムなので、状態がやや悪いけれどお値段は高め
3 看板を扱う店の看板だが、これも売り物
4 パブで使われていたものばかりを売っている店もあった

と、彼女が言ってくれた。うれしい。蓋の色がオレンジなのが気に入っているのだ。なによりもめずらしいし、オレンジは私のテーマカラーなので。

秋のニューアークは、アーディングレイよりも規模が倍以上、約4000軒も出店する。とはいっても、ここ数年、私はニューアークではついてない。私好みなコレクタブルスが見つからないのだ。おそらく会場が広いので、家具を扱う業者が多いこと、そして最近イギリスでは住宅購入ブームゆえか、シャンデリアなど、インテリア類を扱う業者がどんどん増えてきた、という点が大きいだろう。だからあまり期待しなかったけれど、念のために初日に出かけた。アンティーク・ショッピングは先手必勝である。初日の午前中に、いいものはほとんど売れてしまう。

行ってみると、やはり予期したとおりで、私の欲しいと思うようなものがない。おまけに雨まで降ってきてしまい、ランチを食べていてもやまぬようなので、早々に引き上げることにした。今回は明日も来る予定をしていたので。

翌日は午後1時すぎに到着した。早くも店じまいを始めているところもある。のんびりとした空気が、フェア全体に流れている。出店者たちも、売上がよかったのか、なごやかに話しながらお茶を飲んでいる。おまけに昨日とうって変わって、いいお天気だし。アンティーク・フェアじゃなくて、公園を散歩しているよう。足元がぬかるんでいなければ、もっといいんだけれど（これは昨日の雨の名残）。

昨日行けなかったブースのほうまで、看板にあった地図を見ながら一周してみる。やはりこんな時間には掘り出し物はなかったけれど、ひさしぶりにのんびりとアンティークが見られた。やっぱり買い物をするなら初日だけど、2日目はお客さんも業者ではなく、一般の人々だし、なんかノンキな雰囲気がよい。まあ私の場合は今回、天候に気持ちが左右された、というところでもあった。

双方のフェアを比べてみて、私は今回アーディングレイのほうがおもしろく思うものが多かった。正統アンティークというよりも、コレクタブルス、あるいはジャンクに近い感じで。ただ、アーディングレイのフェアがいつも気に入るかといえば、そうでもない。フェアはそのとき集まった出店者次第で、出店物も様変わりするので、一概にいえないところが難しい。しかしそれが「行ってからのお楽しみ」で、おもしろいところでもある。

また見ごたえという点では、やはりニューアークだろう。なんせ1日では回りきれないほどの会場の広さ、家具から小物類まで集まるアイテム数の豊富さ、ニューアークに行けば、イギリス・アンティークの代表的なものは、ほとんど買うことができるだろう。

これは蛇足であるけれど、どちらのフェアにしてもおすすめしたいのが、朝食にはホッ

出店する業者は、このような大きなトラックで会場入りする

買ったアンティークを入れるためのショッピングバッグも売っている

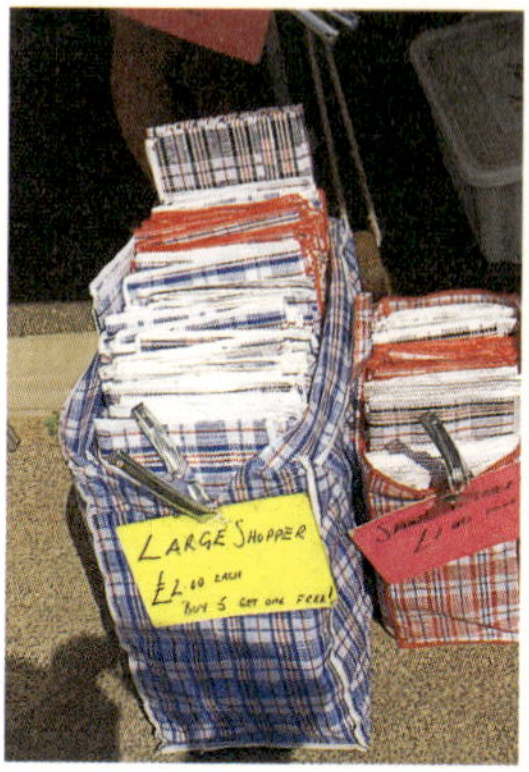

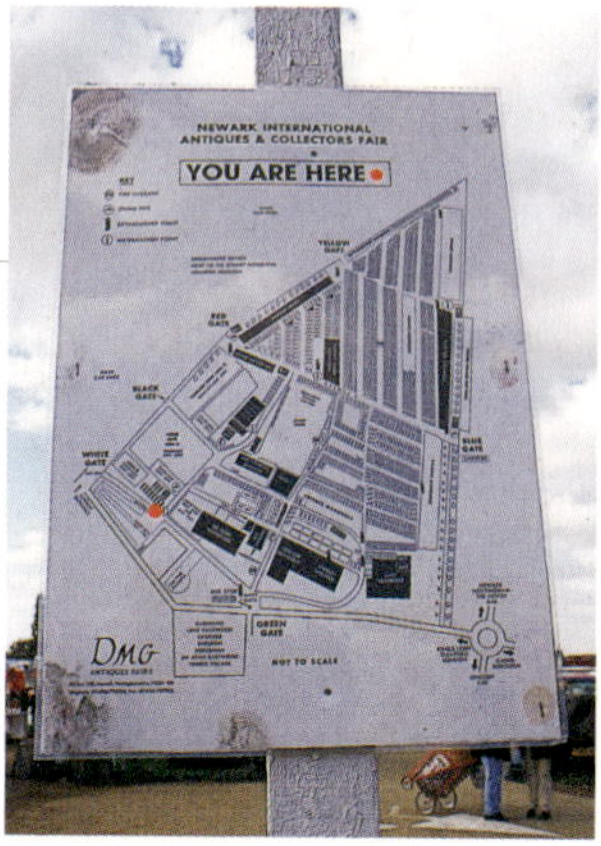

会場内では看板を見つつ行動する。ニューアークにて

犬を連れた業者は多い

1960—70年代のモダン・アンティークばかりを扱う専門店は、フェアではまだ少ない

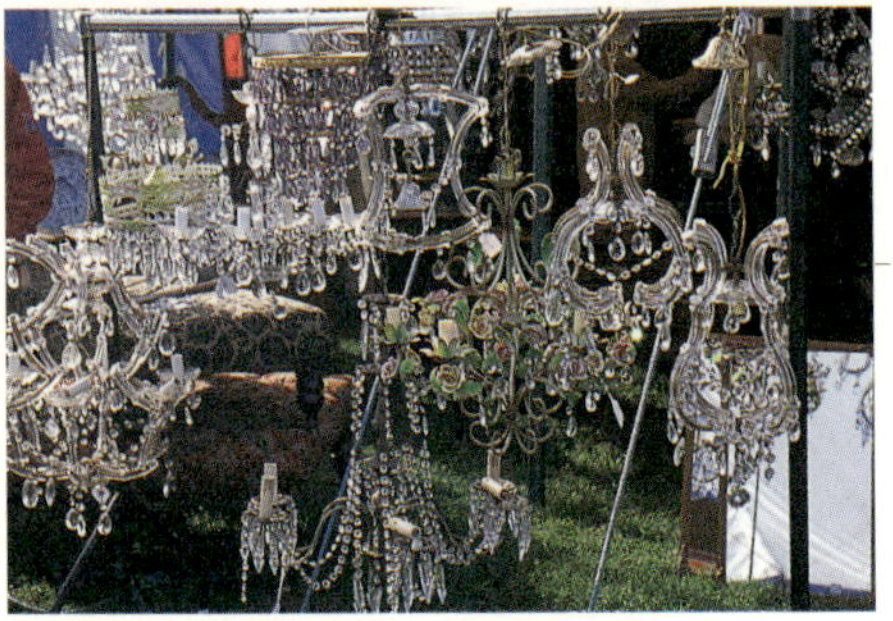

シャンデリアもイギリス人には、人気のアンティーク・アイテム

ハンドルがないけれど、これも立派な商品である

トサンド（私はハムとパイナップルのハワイアンというメニューがお気に入り）、ランチにはタイ料理。とくにグリーン・カレーと春巻がうまい。キャンピングカーのようなタイ料理の屋台は、いつも行列している。そのへんに置いてあるフィッシュソース（ニョクマム）やらスイート&サワーソースを自分で適当にかけて食べるとよりおいしい。地方では、中華以外のエスニックはあまり一般的でないからか、こないだイギリス人が食べ方をお店の人に聞いていた。なぜフェアでタイなのかはよくわからないのだけれど（他の屋台はフランス式バゲットサンド&クロワッサンを除き、イングリッシュフードなので）体が温まる、ということではとくに冬におすすめしたい。

「Toste」と焼印が押された、トーステッド・サンドイッチ

コレクタブルの逸品たち　## ｛初のエフェメラ・フェア｝

劇場や鉄道の切符の半券やチラシ、ポスター、新聞や雑誌の切り抜きなど、一時的に興味をひくだけのたわいもない印刷物、それを総称してエフェメラという。もともとの意味は「カゲロウ」。はかなく消えゆくもの、といった意味で、名づけられたのかもしれない。

アンティークでは、こうして大量に流用されていたもののほうが、あとに残るものが少ない。ちまたに出回りすぎているため、人々が大切に保管しないからだろう。その点イギリスという国は、なんでも大切に取っておく人が多かったためか、エフェメラが多く残されている。紙ものは保存が難しいため、そんなに安値なものはないが、日本の古地図などに比べれば、おこづかいで買うことのできる値段だ。

私は３，４年前から集め始めたばかりだが、エフェメラ専門のフェアへは、１年ほど前、初めて行くことができた。会場はシティーと呼ばれるロンドンの中心部、金融街の一角にあるムーア・ゲイトの教会である。エフェメラやプリントなどの印刷物を扱うときには、屋内のあまり広くない会場が使われる。たった６軒の出店ではあったが、ひとつの店が膨大な量を持っているため、それで十分なのだった。

エフェメラ以外にも、古地図、ポストカード、グリーティングカード、シガレットカード（タバコに入れられていたイラストや写真入りのカード）など、それぞれを専門的に扱う店もある。しかし紙ものを好きな人は、総じてそういったもの全般を集めている人が多いため、このフェアにもそれらを含めた紙ものが集結していた。

私もシガレットカードはひととおり集め、今はエフェメラやポストカードへと移行しつつある。古地図の世界は奥が深そうなので、まだ足を踏み入れていないのだが、レプリカの古地図の本は持っているので、集め始めるかもしれない。

今回のフェアでは、ヴィクトリア朝時代のベストセラー本、ビートン夫人の本の挿絵などが多数あった。これはほとんど集め終わっているので、1940年代に出版された、ロンドン案内のイラストを買うことにした。

ポストカードも欲しかったのだが、イラストを選ぶのに時間をとられて、見ることができなかった。ポストカード専門のフェアになると、オークションのようにビューイング（買う前に、見るだけの時間）が行なわれる。何千枚もの中から、自分の欲しいポストカードを探すので、ビューイングがあっても時間がたりないときもある。

ギネスの雑誌広告がないかな、と思っていたのだが、これはハズレ。アンティークは自分の欲しいものがすべて一度に見つかることがない。それがまた次回へとつながる夢で、アンティーク・コレクターの大いなる楽しみでもある。

アンティーク・フェアで会った犬たち

アンティーク・フェアへ行くと、売るほうも買うほうも犬連れ、ということが多い。
イギリスではあまり雑種は見かけない。ほとんどが原種らしく、特徴のある姿形をしている。いろいろと写真を撮らせてもらったのだが、中には人間のかわりに、アンティーク・フェアのパスをつけている犬（右上の写真）もいた。

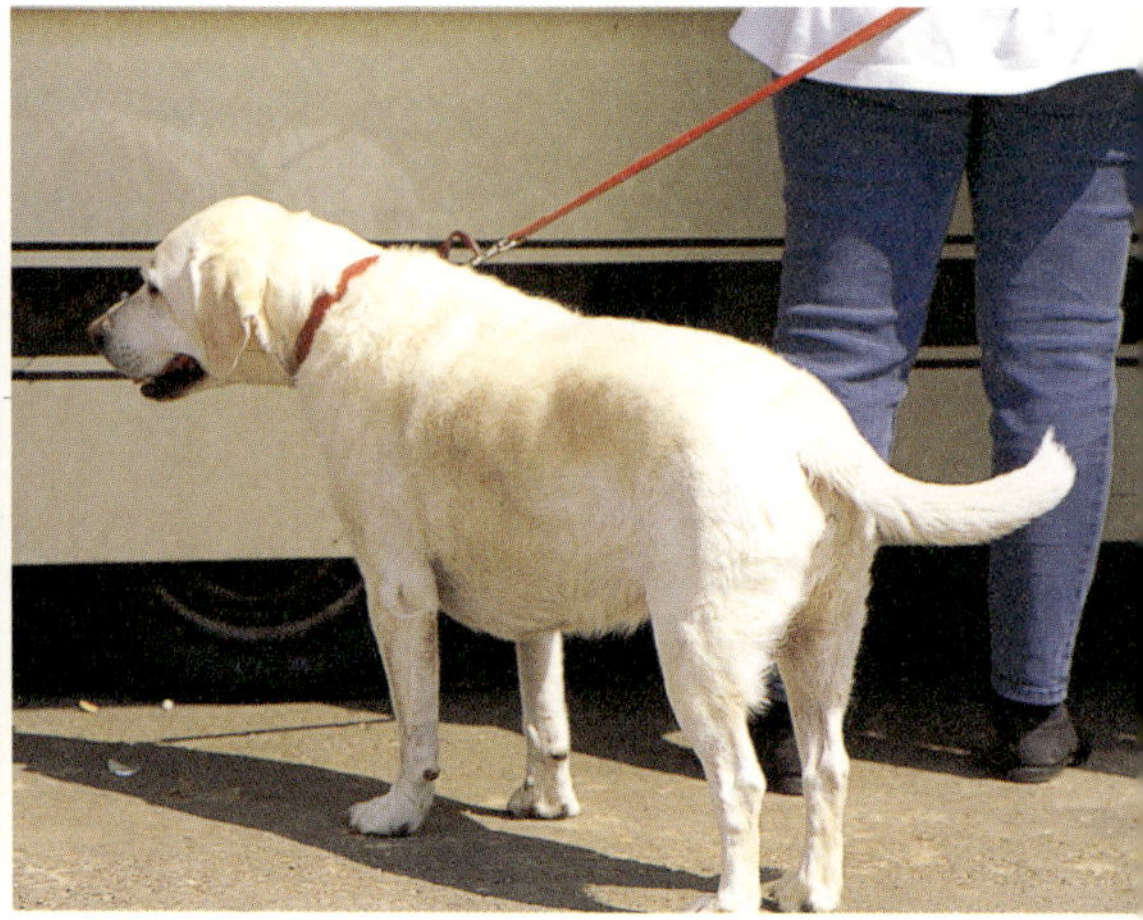

地方旅のおもしろさ
―アンティーク、ファームハウス、ミュージアムなど

そういえばここのところ、イギリスの地方へ泊まりがけで出かけていない。3年前にコンウォールへ行ったのが、最後のような気がする。去年はロンドンがほとんどで、カントリーサイドを訪れても、日帰りばかりだったし。

なのでニューアークのアンティーク・フェアに行くついでに、あのあたりで1泊することにした。事前にフェアの関係者から情報を仕入れたところ、フェアのあるときはホテルもB&Bも満室になってしまうという。じゃあもう少し先のリンカーンというところまで行って泊まることにしよう、それならばと『MILLER'S Fairs & Auctions 2000』というガイドブックを見てみると、リンカーンにはアンティークショップもたくさんあるらしい。そのあたりには行ってみたことがまったくないからゆっくりと回ってみることにしよう、とだいたいのプランをたてた。

当日は、午後にニューアークのフェアを出て、リンカーンへと向かった。雨が降っていて、とても寒い。約30分ほどでたどり着いてみると、歴史のありそうな古い小さな町に到着。私が「古い町」と判断する基準は建物。ロンドンの町は、ヴィクトリア朝時代の煉瓦造りが目立つ。それに対し、ティンバーという白い漆喰の壁に、褐色の木が埋め込まれた

＊コンウォール
イギリス南西部の半島部分のこと。「イギリスのリヴィエラ」ともいわれ、温暖な気候ゆえに古くから避寒地として、上流階級の社交場ともなっていた。アガサ・クリスティーの小説『白い悪魔』の舞台となったアール・デコ様式の「BURGH ISLAND HOTEL」や、彼女がハネムーンを過ごした高級ホテル「THE GRAND HOTEL」などもある。

＊B&B
ベッド&ブレックファストの略。朝食のみが一般的だが、たまに夕食が出るところもある。

家々が連なっていると「古い町」。だいたい16世紀、チューダー朝の建物である。そういえば、オックスフォードにあったシェイクスピアの家も、この様式だった。きっとリンカーンも伝統のある町なんだろう。（後で読んだ本によると、リンカーンは紀元1世紀頃にローマ人の侵略により、ロンドンからの軍隊が駐屯するために作られたという。政治・軍事上の拠点地であったそうだ）

まずはツーリスト・インフォメーションへと向かう。地方で宿を探す場合、そのエリアにあるツーリスト・インフォメーションで予約をしてもらうと、とても便利だ。私はいつもB&Bに泊まるのだが、地方では街中にあるB&Bよりも、ファームハウスというちょっと離れたところにあるB&Bがおすすめだ。

「セントラルよりファームハウスのほうがいい」

と、自分の希望を伝えればそれで探してくれる。予算はだいたいふたりで50ポンドくらい。イギリスの物価上昇率などを考えると、この値段は10年前とあまり変わっていない。はっきり言ってすごく安い。

ただしツーリスト・インフォメーションはだいたい夕方5時頃閉まってしまうので、その前に行くこと、そして「どこも満室」といわれた場合、次のツーリスト・インフォメーションのある町まで行かねばならないので（親切な人だと、近隣のツーリスト・インフォメーションに問い合わせをしてくれる場合もあるが）、私は早め、午後2時から3時頃に

＊ツーリスト・インフォメーション
写真はリンカーンの街のツーリスト・インフォメーション。

チャーチファーム全景。広大な庭がある

奥さんが集めているアンティーク

村へと通じる1本道に建てられた看板

庭にあった大きなもみの木には、
小さな実がなっていた

朝食前、8時頃にやっとあたりが明るくなってきた

チャーチファームの前庭にあったもの

アンティーク、ヴィクトリア朝時代のバター・
チャーン（バター製造機）が、玄関にあった

はたどり着くようにしている。外国人に慣れているため、英語がカタコトでも親切に対応してくれるし、なにかフェスティバルなどのイベントが、そのあたりで行なわれていないかぎりは、たいていどこか空きがある。

　こうした地方のB&Bのことを書くと、「あの宿の連絡先を教えてください」などと、おたよりをいただくことがある。もちろん日本から予約して行くこともできるとは思うのだけれど、私はフラフラと出かけて、適当に宿を決めて、その宿が思ったよりもよかったなあ、なんていうのが好きだ。また泊まりに来たいなあ、なんて思いながら帰る感じ。それを楽しみたくて、いつも適当に決めている。

「どんなところなんだろうね?、いいところだといいね」

と、たどり着くまでワクワクする。これぞ旅気分。

　イギリスってすごいなあと思うのが、B&Bやファームハウスに泊まっても、ほとんどハズレがないことだ。観光地は客ズレしてしまってつまらないところもあるが、車でしか行けないような小さな村などは、ほとんどがいい。

　さてこのとき、ツーリスト・インフォメーションの人に、

「あなたの希望にあいそうな宿がふたつある。どちらがいい?」

とたずねられたのだが、彼女が推薦する「チャーチファーム」に決めた。

＊チャーチファーム

Fillingham GainsboroughNR Lincoln

DN21 5BS

e-mail address:fillinghambandb@c.s.com

「このあたりでいちばん古いファームハウスなのよ。ここがいちばんだと思う」

期待感が高まる。

「買い物に出かけるので、夕方5時以降に来てくれ」

と、チャーチファームの人に言われたのだが、疲れていたのでとりあえず行ってみた。村までの複雑な道のりを丁寧に教えてもらい、リンカーンの町から20分くらいで到着。

ここかな？　と思いながらも、本日の夕食場所であるパブもチェックしようと、村の中心にも行ってみる。が、わずか1分も走らぬうちに、村が終わってしまった。パブはどこ？　見当たらない。チャーチファームをたずねてみたが、やはり留守。時差ボケのなごりか、とてつもなく眠くなってきた私は、だんだん不機嫌に。

「どうする？」とダンナにきかれるが、どうしようか考えが浮かばない。

「ここでだれか帰ってくるまで、車の中で寝ていようか？」

「ええーっ？」

眠くないダンナは不満そうだ。では、ということでゲインズボロウという隣町まで行く。ここにもアンティーク・ショップがいろいろあるらしいので。

町の中心部をぐるぐると回ってはみたものの、城はあったがアンティーク屋さんは見当たらない。商店街のようなところを歩いてみたが、なんだかみんなが私たちを見ているような気がする。日本人はめずらしいのかもしれない。

＊ゲインズボロウ

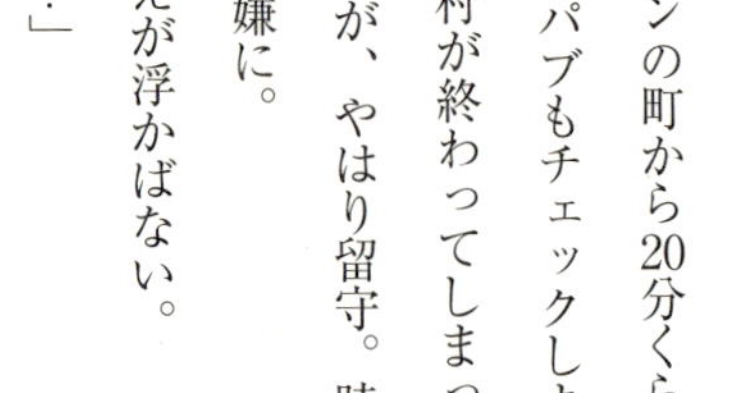

写真は、ゲインズボロウの街角。

1 寝室から裏庭を眺める
2 バスルームには、アンティークの洗面用具が飾られていた
3 朝食に出たハチミツ。イギリスのハチミツはいずれも濃厚だ
4 ベッドカバーもアンティーク

5 夕食に訪れた、隣町のパブ
6 今日はいい天気になった。近くにある空軍が、飛行機雲を描いていた
7 アンティークのパイバードは持っているが、今でも新品が作られているとは知らなかった。リンカーンの街の雑貨店にて

あとでアンティーク・ガイドを確認してみたら、どうやらアンティーク・ショップは町はずれにかたまってあったらしい。残念。チャーチファームにまた戻ると、今度はいらした。さっそくお茶をいれてくださる。奥さんがお出かけとのことで、だんなさんが慣れぬ様子で、暖炉のあるリビングルームに運んでくれる。

「さっき飲んだばかりだよ、お茶」

「いいじゃない、お茶はいかが？　それともビールのほうが？　なんて言われたんだけど、ビールとは言い出しづらかったんだもん。あ、このお菓子おいしいよ！」

なんて話をごまかす。いや、レモン風味のパウンドケーキはほんとうにおいしかった。

こういったファームハウスには、泊まる部屋以外にリビングルームのような応接間があって、夕食がすんだあとに宿泊客はそこに集まって話をしたり、そこに置いてある雑誌や新聞を読んだり。ときにはテレビなども見る。

「暖炉って、いいよねえ。火を見ると落ち着くよね。それにしてもここの暖炉グッズ、いいもの揃えてるなあ」

と、ここでもついつい、アンティークの値踏みをしてしまう。暖炉というのは現代では贅沢品なので、アンティークの暖炉グッズはちゃちなものでも高い、と最近家を買った友人に聞いた。ちなみに暖炉がついている家は、それだけで付加価値が高まり、家自体の値も上がるという。アンティークにかぎらず、家もまた「古いほどよい」というのは、イギリス人ならしごくまっとうな考え方なのである。それにだいたいの家では、冬にすきま風が入ってくるため、暖炉をふさいでしまっているので、希少価値もあるのだろう。

お茶を飲み終えた頃、奥さんが帰ってくる。とても早口で立て続けに話すので、ちょっと怒られているような気がしたが、今晩の夕食のパブの場所などを親切に教えてくれたり、私がアンティークが好きだ、と話したら、

「あら、私もよ！　あそこには行った？　ここには？」

「いえ、ニューアークのフェアに行っただけで…」

「明日はこちらのアンティーク・センターは休みだけれど、もう一つはあいているわよ」

などと、いろいろと教えてくれた。

部屋を案内してもらったら、きっとこれは奥さんの趣味なんだろうね、というラブリーなお部屋だった。でも広くて、シャワーもバスタブもちゃんとあるし。ティーセットなど、いろいろと備品が整っているのがうれしい。

だんだんとおなかがすいてきた。ビールも飲みたいし。ということで、隣村にあるというパブへ出かけてみる。まだ開いてないわよ、と言われたのだが、とりあえず行ってみようとでかけた。

ファームハウスのリビングルームにあった暖炉

1 アンティーク・センターの入り口
2 何軒かのアンティーク・センターがあり、駐車場は兼用
3 食料品メーカー「ホーム・プライド」のマスコット、フレッド
最近は希少価値が出てきた
4 これはなにかの目印？　よく見ると値札があり、売り物だった

5 めずらしい陶器のブレッド・ボート。通常は木製

6 まるで新品のように、きれいにされ陳列しているランプ・シェイド

7 いずれの棚にも、アンティークがぎっしりと並べられている

8 いろいろな型の取っ手が売られていた。もちろんアンティーク

9 ヴィクトリア女王ゆかりのアンティーク、コロネーションのマグカップ

10 アール・ヌーヴォー・スタイルの暖炉セット

そうしたら、2軒あったのだが、両方ともやってない。ひとつはお休み、ひとつは7時からオープンと聞いていたとおり。パブの真っ暗な駐車場で、オープンを待つ。

「ここらへんの人は、パブにあまり来ないのかな？　7時まで開かないなんて」

「きっとウチでごはんを食べてから、ゆっくり来るんじゃない？」

　この村もチャーチファームの村も、とてつもなく真っ暗。日本の田舎でも、きっともっと明るいだろう。人もほとんど見ないし。

　などと言っていると、やっと7時。入り口のドアに手をかけると、開いている。よかった、開店だ。

　ハロー、と店の人にあいさつをして、まずはビールを1パイント。メニューをもらって、ビールを飲みながら今夜のディナーを決めることにする。迷うなあ。結局私はラム、ダンナはステーキにする。

　オーダーをしたあと、ダイニングルームのほうに移動したのだが、お客は私たちだけ。ちょっとさみしい。

「チャーチファームに泊まっているんでしょ？」

「そうです。いつもこんなにすいているの？」

「今日は月曜日だから。それにオフ・シーズンだしね」

「どうしてチャーチファームのある村にはパブがなくて、ここには2軒もあるのかしら？」

「隣の隣の村にもパブがないのよ。このへんの人はみんな飲みにこの村へ来るわ。ずーっと昔からそうなの。なぜかわかんないけど」

そうなのか、パブのある村、パブのない村。不思議だなあ。でも村の人にとっては、それがあたりまえ。そうして何百年も暮らしてきたんだろう。

ここのパブ・フードは残念ながら、今ひとつ。調理法が凝りすぎていた。とくにステーキは、チーズやらハムやらがはさんであって、味が混在しすぎていた。でも雰囲気はとてもよい。おすすめのポルトガル・ワインもよかったし。

私たちが帰る頃に、近所の人らしき人々が2、3人やってきた。それでも空席のほうが目立つ。私たちは真っ暗な道を、パブのない隣村へとまた戻ることにした。

翌朝は、とてもよいお天気。寒いけれど快晴である。これからイギリスは冬を迎えると、どんよりとした重苦しい鉛色の空が続くことになる。その前の秋のひととき、寒くても真っ青な空がうれしい。

朝食をダイニング・ルームでとる。奥さんからメニューの説明があるが、私はおなかがすいているので、フル・イングリッシュ・ブレックファストをたのむ。

まずはジュースを飲んで、シリアルを少し。トーストを自分たちで焼いていると、ふた

1

2

3

4

1「ミュージアム・オブ・リンカーンシャー・ライフ」にて。パイン材のカップボートには、キッチン用品の価値あるアンティークがいろいろ
2 当時の店を再現した展示室
3 戦争関係の展示室もあった
4 これも食料品のパッケージ。スターチ（片栗粉）が入っていた

5 当時の食料品のパッケージ。「Bisto」とは、グレイビーソースの素
6 ヌガーを入れていたビン。蓋がベークライト製

つの目玉焼きとベーコンとソーセージ、トマトにマッシュルーム。卵の黄身が、ねっとりと濃い。テーブルのポットにあるレモンカードは、手作り？　あとで聞いてみたらそうであった。

「もしかして、きのういただいたケーキも？」

「そう、ホームメイドなのよ」

朝食も、いずれもおいしかった。家庭の味の極上、といった感じ。

家もピカピカだし、お料理もうまいし、この宿はいいなあ。

「英語ができなくても、気にしなくていいのよ。また来なさい。今度来るときは、事前に連絡してね。私がアンティーク・ショップを案内してあげるから」

と言って、小銭がたりなかったら、宿泊代もおまけしてもらった。

この奥さんには、私の英語はまったく通じていなかったようだ。でもなんとなくはわかってくれたみたい。お休みというアンティーク・センターにもまた来てみたいので、そのときには泊めてもらおう。なかなか一度泊まったところを再訪するチャンスに恵まれないのだが、ここならまた、ニューアークのついでに来ることもできるだろう。

もう少し英語を勉強しなおして、出直してくるとするか。

帰りがけに、ツーリスト・インフォメーションでもらったパンフレットに載っていた、

＊レモンカード
レモンの皮や砂糖、卵黄などを混ぜ合わせてペースト状にしたもの。パンなどに塗って食べる。

右のカップが、奥さんお手製のレモンカード

当時のキッチンの様子。地方のミュージアムらしい、のんびりした空気が流れていた

リンカーンの「ミュージアム・オブ・リンカーンシャー・ライフ」という博物館に寄ってみた。イギリスの地方にはよくある、文化資料館のようなところ。こうしたところは、昔の生活で使われていたもの、現在はアンティークとして売られているものが多数展示されている。アンティークがどんな時代に、どのように使われていたのかを知るにはとても便利。

他の地方のミュージアムと違っていたのは、軍隊と戦争に関する展示物が多かったこと。そのへんにはあまり興味がないので、キッチンの様子を再現したものをじっくり見た。

こういう展示を見ると、私のコレクションは、まだまだ途中段階なんだなあと、ためいきが出てしまう。「まだあんなものもあるんだ」なんて。

その後、「チャーチファーム」の奥さんに教えてもらったオープンしているアンティーク・センターへも行ってみた。以前は工場でもあったのだろうか、同じような建物が4棟くらいあって、そのうちの2棟くらいがアンティーク・センターとなっているようだった。

しかしこんなにたくさん、こんなに保存状態のよいアンティークを見るのは、初めて。とくに家具類がすごい。アール・ヌーヴォー・デザインの暖炉セットなんてものも存在するのね。クレジットカードも使えるし。あんまり時間がなかったので、さーっと流してみただけだったが、また出直してじっくりと見たい。もしかしてリンカーンは、アンティークの宝庫なのかもしれない。そうだとしたら、ぜひ再訪せねば。

＊ミュージアム・オブ・リンカーンシャー・ライフ
MUSEUM OF LINCOLNSHIRE LIFE
Newland,Lincoln

＊アンティーク・センター
HEMSWELL ANTIQUE CENTRES
Caenby Corner Estate Hemswell Cliff
Gainsborough Lincolnshire DN21 5JJ
http://www.hemswell-antiques.com

コレクタブルの逸品たち ｛バラのジェリー・モルド探し｝

私の本を見た方から、「本に載っているジェリー・モルドが欲しい」とのお問い合わせがあった。ジェリー・モルドとは、お菓子のゼリー型のことである。ヴィクトリア朝時代、ゼリーはよくデザートとして好まれたらしい。当時の料理本を読むと、大きなゼリーが銀盆などに乗って、よく登場する。その型が、現在アンティークとして多く残されている。

アンティークではゼリー型ばかりでなく、他のお菓子の型もいろいろとある。ショートブレッドという、イギリス独特のビスケットのようなものの型、スコーンの型、クッキーの型など、さまざまな種類と材質のものがある。

さて、ジェリー・モルドはロンドンへの買い付け前に、あらためてご要望をおうかがいしてみた。いちばん欲しいのは「バラのゼリー型」とのことで、イギリスの国花であるバラがモチーフとして使われていて、なおかつ大型のもの。私の友人も以前探していたが、何年もかかってやっと見つけていたので、「ない訳ではないが、探すのが難しい」と、事前に念を押しておいた。

けれどアンティーク・フェアへ行ってみたら、大収穫であった。「あればあるだけ、たくさん買ってきて」と言われていたのだが、慎重に状態のよいものだけを選び抜いて買うことにした。

その中でもバラ型は、思ったとおり他の2倍ぐらいの値段がしたが、欠けやひびなどがなかったので、2個ほど手に入れた。「陶器のものを」というご指定があったので、陶器製ばかりにしたが、他にもガラス、すず、プラスティックなどの型がある。しかしバラ型は、陶製のものしか見たことがない。

合計6個ほど買っただろうか。難を言えば、もう少し大きさにバリエーションが欲しかったが、まあアンティークの買い付けとしては、成功したほうだろう。アンティークはとても趣味の世界のものなので、事前に説明があっても、実際買ってきて、その人に気に入られるかどうかは、見てもらわないとわからない。ほんのちょっとのことで、買う側はイメージと違ったりすることがよくある。

今回は依頼者が、はっきりとしたビジョンがあり、なおかつアンティークにくわしかったのがよかったのだろう。気に入ったとの連絡が来たときには、「よかった！」と、ひと安心したのだった。

カントリーサイド　ピーターボロウのアンティーク・フェア

アンティークを求めて旅をしていると、しぜんに地方へ行くことのほうが多くなる。もちろんロンドンでもアンティークは手に入るのだが、値が高いし、私が探しているようなコレクタブルスは、あまり売られていない。

その点カントリーサイドのアンティーク・フェアは会場も広いから、出店数も多く大規模なものを選んで行くと、探しているものが見つかることが多い。おまけにロンドンより安いので、ついつい買いすぎてしまうこともある。

以前からアンティーク情報誌の広告を見て、行ってみたいと思っていたピーターボロウのフェアは、その名も「フェスティバル・オブ・アンティーク」。アンティークのお祭りだ。なんかよさげなものがありそうな感じ。今回は日程が合ったので、朝早くから車で出かけてみた。

ピーターボロウは、ロンドンから北へ約200キロほど。いそうろう先のローザ&ジュリアン宅から北へ向かうモーターウェイまでは、ほとんど一本道。途中ノースサーキュラーという環状道路を交差するのが唯一の難所といえるかもしれない。そこをかいくぐり、M1という高速道路に乗ってしまえば、あとは突っ走るだけ。

＊フェスティバル・オブ・アンティーク
「PETERBOROUGH FESTIVAL OF ANTIQUES」East of England Showground A1
2、3年ほど前から、この名で大々的に始まったアンティーク・フェア。2日間行なわれ、出店数は1000軒以上。「Bob Evans Fairs」が開催している。

パッケージやノベルティを多数扱っていた店

思えばずいぶんと迷わなくなった。ダンナもイギリスの道路と標識にも慣れてきた。以前はよくあっちこっちと、地方へ行く前にロンドン内で迷うこともたびたびあった。セントラルに近づけば近づくほど、一方通行や進入禁止が多くなる。ぐるぐると回され、そのうちどこにいるのかわからなくなり、地図さえ役に立たなくなる始末。

今回はそんなこともなく、順調にピーターボロウの会場、イースト・オブ・イングランドに到着。どこかで見たことのあるところだと思ったら去年の秋に、ここで行なわれたカーブーツに来ていた。今ウチで使っているカトラリーセットは、そのときに買ったものだ。

駐車場への入り口は、来場者の車で大行列だった。昨日の雨でところどころに大きな水たまりができていて、車はそれをさけるようにのろのろと進んでいく。なんせ広大な農場が会場なので、道は土でぬかるんでいる。やっと順番が来て車をとめ、会場へと向かったら、カーブーツのときより規模がやや小さい。本日は１０００軒の出店。天気も今ひとつ、どんよりと曇って今にも雨が降り出しそうだし、寒い。でも覚悟を決めて、防寒のためにセーターをもう1枚着込んでから会場へ向かう。

入り口近くの露店が続くあたりには、あまりたいしたものはなかったのだが、屋内に構えた店には、欲しいものがたんまりとあった。主にギネス関係。

ギネスとは、イギリスではおなじみのアイルランドの黒ビール・ブランドで、私はこの会社の広告に使われたイラストがとても気に入っている。ギルロイという画家の手によるものだが、多くは１９４０年代から50年代に描かれた。このイラストを元にして、販促用のノベルティとして作ったものが、現在ではアンティークになって売られている。いや、アンティークというより、コレクタブルスに近いかもしれない。現在でもレプリカが数多く作られていて、フェアでも両方売っていたりするが、古いものと新品を見分けるのは、そんなには難しくない。新品のほうが作りがたいてい雑だからだ。

私が最初に買ったのは、「トゥーカン」というくちばしがカラフル、胴体が真っ黒の南国の鳥の置物（8ページの写真）。わずか10センチにも満たない陶器の人形なのであるが、最初にこれが気に入ったのは、ギネスだから、という訳ではなかった。まず、くちばし部分のオレンジとイエローの発色のあざやかさに惹かれ、手にとって見ると裏に「カールトン・ウエア」のポーセリン・マークが。

カールトン・ウエアというのは、かつてイギリス有数の窯のひとつであった陶器ブランドだったのだが、最近はあまり聞かぬ名となってしまった。私はこのカールトン・ウエアの陶器の形や色が好きで、以前から集めていたのだ。

とくに気に入っているのは、涙型をしたサイドディッシュの変形ともいえるような形で、１９３０年代には木の葉型に作られていたものが、戦争のためにデザインを簡単化したそうな。私は簡単化したほうが気に入っていて、6種類くらいの色があるが、私の好きな色、

＊カールトン・ウエア
Carlton Ware（1890〜1989）。スタッフォードシャーを代表するメーカーのひとつで、主にテーブル・ウエアや花瓶、ノベルティものなども作っていた。アンティークとして有名なのは、七宝焼きのような質感を持つ、オリエンタルなデザインの花瓶など。

＊サイドディッシュ
食事のメイン・コースには、メインの皿に肉だけが盛られ、付け合わせの野菜などは一緒盛りされたものを自分で取り分けるか、三日月型をしたサイドディッシュ用の皿に盛られてくるのが一般的である。

バナナの箱は耐久性があるため、アンティークの保管によく使われている

なぜか球根も売っていた

寒さのためか、犬もお疲れ気味

入り口付近。めざす会場はもう少し先のようだ

アンティーク・フェアは軽食が基本。ゆっくり食べているヒマはない

狂牛病をさかいに、ヴェジタリアンも急増中

モスグリーンを使ったものが、いちばんのお気に入りである。

そういう、カールトン好きの血が騒いで、この鳥を発見したのかもしれない。私の予算よりはちょっと高かったが、買うことにしたのだった。そうしたら、鳥以外にもオットセイやらダチョウやら、他のシリーズがあることを発見し、目下集めている最中。ペンギンは最近手に入れたが、ロンドンのマーケットではいまだにお目にかかったことがない。フェアに行くと、気がつくと探している、という昨今だ。

その鳥が、いたるところで売られている。値段は私が買ったものとあまり変わらぬぐらいだが、飛び切り安いのもあって、それはレプリカだった。

で、「これはなにか欲しいものが見つかりそうな店が多く集まっているフェアだな」と気をよくしていると、棟続きの大きな納屋のようなところの奥に、私が集めているものや、これから集めたいものでぎっしりなお店があった。

商品構成は、キッチンウエアとギネスやオクソ、キャドバリーなどのノベルティもの。うーん、欲しいものがいろいろとあるんだけど、なんか決め手に欠ける。なぜだろ？　こういうときにはいっぺん冷静になったほうがいいと、まだ見ていない店を見てから、また戻ってくることに。

そうだ、写真も撮らせてもらおうと、戻ったときにお店の人に声をかけてみた。

「あなたのお店はすごい。すばらしい！」

いや、写真を撮らせてもらうためにおせじを言ったわけではなく、心からそう思って言ったんだけど、通じたかな。何枚かバチバチと撮って、今度はお店の裏側に回ってみたとき、私の求めていたものが、ここに!!

それはギネスの広告を集めた本『THE BOOK OF GUINNESS ADVERTISING』で、ギネスが１９２９年に初めて新聞に広告を出したときのものから、現在までの広告を載せたもの。顧客やパブなどに配ったという非売品で、以前仲良くしていたパブのおやじに見せてもらったことがある。それが20ポンド。それもセールになっていて半額！　これは買うしかないでしょう。

やったあ、戻ってきてよかった。こんないいものがあったよと、帰り道にダンナに説明しながら、この旅のいちばんの記念になるものかもしれない、ピーターボロウはいい、また来よう！　などと浮かれ気分でロンドンへと戻ることにした。

『THE BOOK OF GUINNESS ADVERTISING』

カーブーツ・トレジャー

アンティーク・マーケットやアンティーク・フェア、アンティーク・ショップ以外にもアンティークを探しに行くところがある。通称カーブーツ、カーブート・セールともいうが、言ってみればフリーマーケットのようなもの。カーブートとは、車の後部トランクのことだが、参加者が家にあったガラクタを積み込み、会場でトランクを開ければそこがお店！ということで、この名がついたのだろう。

カーブーツもやはりマーケットやフェアのように、週末に行なわれることが多いのだが、平日もあったりして、かつてはリングウッドという、デボンに近い町まで出かけたりしていた。規模の大小はあるものの、駅の駐車場やスーパーマーケットの駐車場、学校のグラウンドなど、いろいろな広場で行なわれるのが一般的だ。

土日に開催される中でも、全部は行くことができないので、1日だいたい3ヶ所くらいを選び出す。その際には、わりとお金持ちが多く住んでいるエリアのほうがいいものが出やすい、つまりアンティークがあったりする可能性が高い。カーブーツに行き始めた頃に、かたっぱしから行ってみたこともあったが、下町のようなところは新品の雑貨ものがほとんどで、あとはジャンクともいえないゴミのようなものを売っているところが多かった。

＊リングウッド
RINGWOOD　Matchams Leisure Park,
Hum Road Hampshire

ミルトン・ケインズのカーブーツ会場。右奥の建物は、ショッピング・センター

雑多なものが売られているが、よく探せば掘り出し物があるかもしれない

いつも行っているのは、ミルトン・ケインズという、ロンドンから北へ200キロほど行った町のカーブーツ。今回も出かけていったのだが、あまり出物はなかった。というのはここだけでなく、最近の傾向なのだが、アンティークが見つかりにくくなってしまったからなのだ。

本来カーブーツはアンティークというよりもガラクタがほとんどで、たまに1960年代くらいの家庭雑貨が見つかるぐらい。ごくごくまれに、アンティークの陶磁器などが安く売られていることもあるけれど。でもそういったガラクタの中から宝探しをするのは、なんとも楽しくておもしろい。

数年前からアンティークの世界でも、そうした1960〜70年代のものが流行し始めるにつれて、同業者というか、そういう人々がカーブーツにもやってきた。朝一番で出かけていっても、そうした人の後を歩くと、よいものはなーんにも残っていない、ということが何度かあった。

そして2年くらい前、「なんとかトレジャー」というテレビ番組が始まって、そこで有名な絵画がみつかって以来、カーブーツで宝探しをするのが流行したそうだ。友人から聞いた話なので実際私はその番組を見ていないのだが、たしかにここ1、2年出店する人よりお客さんのほうが多いし、それも家族連れが多く、たいへんな人手なのだ。それを目当

＊ミルトン・ケインズ
MILTON KEYNES NNG Central Milton Keynes, Market Area Buckinghamshire

マーケットがある日には、この横断幕が張られる

てにディスカウントストアにあるような家庭雑貨を扱う店などが増えてきて、どんどんと大にぎわいになってきている。そのぶん、掘り出し物が見つかりにくくなった。

しかし10年近く前はブライトンの駅前駐車場でやっていたカーブーツで、アール・デコのアンティークがいろいろと売られていたこともあったそうだ。それはそれはと思い、行ってみたのだが、スージー・クーパーのなれのはてみたいのはあったが、デコものはなかった。プールの状態のいいのが、わりと安く売られていた。

しかしブームが起きたとしても、わりとそれはいっときのこと。アンティーク・フェアやマーケットでも同様のことがあった。もうちょっと様子をみたら、また落ち着いた雰囲気が戻ってくるだろう。それに最初はアンティーク探しが目的だった私も、最近ではちょっと目先が変わり、安い雑貨や電化製品など、アンティーク抜きともいえるショッピングを楽しんでいる。

お宝をあきらめているわけではないが、ただただ、あのガラクタだかゴミだかわからぬものを売っている、雑然とした雰囲気が気に入っているのである。

＊スージー・クーパーのなれのはて
いわゆる欠けや傷がたくさん入った、売る価値のないもの

新品ものの衣料品などもある

ダンボールがディスプレイ台、とにかくなんでもあり！というのが醍醐味

肉屋さんまで、トレイラーでやってくる

チープなかわいさ。
カーブーツは値段の安さも魅力だ

アンティーク雑貨あれこれ

この本を作ろうと思った最初のきっかけは、ここ数年アンティークが激減しているので、今のうちになんとかそれを写真に残しておきたい、というものだった。

そう思いつつも、数年がすぎ、当時思いついたときよりも、加速度的にアンティークは減りつつある。とくに私の好きな、どこかとぼけたような、ユーモラスなアンティーク雑貨が少なくなってしまった。それでガラクタかもしれないけれど、どこか愛らしいものたちを、ここで一気にご紹介することにした。

いずれも私の家に飾ってある、これまで集めてきたものばかり。中にはロイヤル・ドルトン社製の正統派アンティークも含まれているが、それも気のおけないものである。

あとはロンドンで買った雑貨など。ここ数年、私は「次世代のアンティーク作り」というテーマにも力を入れている。これらの雑貨が将来アンティーク雑貨として、次世代に残るかもしれない。ただ現在は大量生産、大量消費の世の中なので、意識して残すことが必要だ。自分がよいと思ったものは、大切に扱っていきたいと、現在その方策をいろいろ考えているところでもある。

COLLECTABLES

ロイヤル・ドルトン社製のゲーム用灰皿。1940年頃

犬の灰皿

同ウエッジウッド社の「ディアブロ」(1969)

ウエッジウッド社の「カーナビー・デイジー」(1968〜70)

オクソのノベルティだった、レシピーブック

オクソの携帯用キューブ缶

イギリス・パイレックス社の耐熱性ガラスカップ。デッドストック

パイ作りのための空気穴用として
使われるもの　パイ・フューネル

パイ・バード

陶器のマーマレード瓶

バースのボタン屋で買ったボタン

黒人柄のグラス

すべてのキャラクターが集結した
ギネスのパイントグラス

「メッツオ」というコンランの
レストランでもらった灰皿

郵便局で毎年売られるカレンダー

トゥーカンのギネスのパイントグラス

SUNDRIES

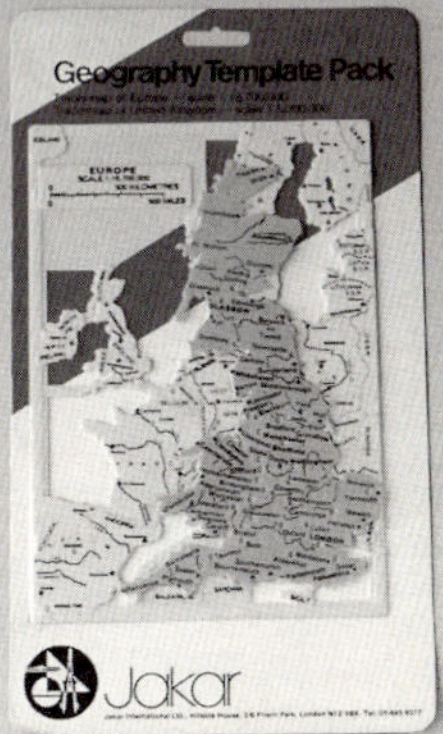

グレートブリテン島型の定規

キャンドルスタンド

北欧製の木彫り人形

メジャースプーン

栓抜き。日本製だが、イギリスで買った

自動車のマーク

パイ・カッター

BRIC-A-BLAC

タイル製のなべしき

ピンクッション

エリザベスII世のコロネーション。
プール社製

ギネスのノベルティ・コースター

カールトン・ウエア、
ギネスのノベルティのペンギン

サンドイッチ・ピン

COLLECTABLES

ゴーリーのマグカップ

いずれも1950〜70年代の
典型的パターン

私のアンティーク修行—Bebe's Antiques（べベズ・アンティークス）

「どちらでお店をやっているんですか?」

私がアンティークの仕事をやっていると話すと、必ずこうした質問をされる。

「いえ、店はやっていないんですよ。ホールセーラー、つまり中卸しなんで、年に1回やっている展示即売会以外は、小売はしていないんです」

と説明しても、わかりづらいらしいが、そうとしか説明できない。

「つまり、店はやっていないということなんです」

と最後にはこう締めくくるけれど、たいてい帰ってくる答えが、

「あら、おやりになればいいのに」

いや、店をやりたくない理由がいろいろとあるから、中卸しになったんですよと言えばいいのだが、世間の人というのは、こういう仕事をしていると「いずれは店を」と考えているんだろう、と思い込んでいる人がほとんどで、そんなことを言うと「どうして?」とまたややこしいことになる。初対面の人に、いきなり私の考えを細かく説明するのがめんどうなので、

「はあ、そうですねえ」

などと、最後には曖昧な答えをする。

アンティーク・ホールセーラーの仕事を始めたのは、1993年頃。アンティークの本を作るために取材などをしたことが、イギリスのアンティーク「知識編」という第一歩だとすれば、Bebe's Antiquesは、二歩目の「実践編」が始まったようなものだった。

けれど始まりは思いつきのような突発的なもので、イギリスに行くたびにいろいろと買ってくるためにコレクションが膨大になって、ついに一部を売ることにした。友人のレストランに簡単なカタログを置かせてもらったら、それをある雑貨店の人が見て、

「仕入れをお願いしたい」

とのこと。先方にお会いしてみると、もっとたくさん、定期的に入れてほしいとの要望だった。ではきちんと取引をしようということになり、美術品商の許可証を取得した後、アンティークホールセーラー・Bebe's Antiquesが誕生した。

私たちの仕事は、雑貨店とロンドンの買い付け業者の仲立ち、つまり雑貨店の欲しがっているものを聞いて、それを具体的にロンドンに伝え、買い付けをさせてそれを送らせ、届いた荷の状態をチェックし、それに値段をつけて、雑貨店へ搬入する。1年に数回は自分たちでロンドンへ出かけ、直接買い付けをしてくる。そうすることによって、タイプの違う品を仕入れたり、それまでにうまく伝えられなかった商品の細かなニュアンス、日本

で今なにを欲しがっているかなど、取引先の要望をロンドンの業者に、ダイレクトに伝えることができた。

慣れぬ商売ゆえにたいへんといえばたいへんではあったが、それを上回るおもしろさがあった。ロンドンからの荷は、毎月1、2回届く。それを開封するときが、いちばんワクワクするときだ。

「今回はどんなものが？」期待と不安が入り混じる瞬間でもある。

少しずつ得意先も増え、いろいろと試行錯誤しながらもやっていたが、1年をすぎたあたりから、荷の中に頼んでいない商品が目立ちはじめた。それとキチンした商品でないもの、たとえば壊れているものや、照明器具の本体はあるのに、本体と電球部分をつなぐ部品のないものなど。それを高値で仕入れてくる。

「どうして？」と何度もロンドンに苦情を言っても、

「次回からは気をつける。たりないものは送る」

というばかりで何も届かなかったし、その後も同じことが続いた。

思えばこの頃、１９９０年代の中頃からイギリスの景気が上向きになってきたせいか、目利きの業者は値上がりしそうなアンティークを、市場には出さずにストックし始めた。スージー・クーパーなどがいっせいに消え、売っているものはガラクタばかりなのに、なぜか高い。そして再び登場したときには、2倍近い値段に跳ね上がっていたのだった。

ロンドンの業者のあまりの仕入れの悪さに頭にきて、急遽自分たちでロンドンへ行ったが、マーケットには何もなかった。時を同じくしてポンドも値上がりし、私たちにとってはそれも大打撃となった。

それと以前から少しずつ感じていたことが、こうしたこともあってか、私の中で疑問として大きく膨らんできた。

「好きで始めたはずなのに、いつのまにかアンティークが好きじゃなくなっている？　単なる商品としてちらっと見たら、あとは右から左、ロンドンから小売店へと移動させるだけ。私がいちばん時間を費やすのは、原価計算のときだけだ」

それに私が嫌いなものほどよく売れたりするのが、なんともいやだった。好きなものはなかなか売れない。同業者に、

「マニアックすぎるのよ。もっと一般受けするようなものを仕入れたほうがいいわよ」

なんて忠告も受けたのだが、どうしても譲りたくない部分だった。

そんな折、最初に声をかけてくれた雑貨店がイメージチェンジをするとのこと。どうやら私の好きなタイプの店ではなくなるようなので、取引をやめることにした。ということは、その店のために、大量に、安価で仕入れる必要もなくなった。なので不満だったロンドンの業者とも取引をやめて、もっと自分が好きなように、商売のやり方を変えることに

＊原価計算
「日本のアンティークショップで売られているものはなんて高いんだろう！」と以前から不満だったのだが、自分で商売をしてみると、送料やらレート換算やら、買い付けにかかる経費などを考えて計算すると、とんでもない単価になるのだった。イギリスは遠い……。

した。

それは基本的に、私たち自身でイギリスへ行き、買い付けをするシステム。以前のように頻繁に荷が届く訳ではないので、お客様には待っていただくか、買い付けに行く前に、

「何か、買ってきましょうか?」

と、声をかける。注文をいただいたものはお客様の好みにあわせるが、基本的に好きなものしか買わない。薄利多売の時代から、薄利は変わらぬけれど、少しずつ吟味して仕入れ、少しずつ売っていくことにした。

こうしてみると、雑貨店ともうけを分け合うことのない卸売り値段だから、定価は安く設定できるのに、以前より原価の高いものを仕入れることができるようになった。雑貨店との取引の場合、原価が1、2ポンド違うだけで、売値が５０００～1万円違ってしまい、それで買うことのできなかったアンティークが多数あり、惜しいことをしたこともよくあった。

現在のアンティーク市場は、ここ2年ほど値が安定しているところ。しかしアンティークは年々減りつづけているので、またいつ、値上がりするかはわからない。とはいっても、これからもBebe's Antiquesともども、私はアンティーク・ビジネスを楽しんでいくつもりである。今年も展示即売会用の買い付けのために、ロンドンへ行く予定だ。

さて、今回はどんなものを買って帰ってこられるだろうか?

デザイン・ミュージアム

イギリス出張から帰ってきた友人が、デザイン・ミュージアムへ行って来たという。目的はパントンのエキシビションで、とてもよかったとのこと。その翌月ロンドンに行くことになっていた私とダンナも、みやげ話を聞いているうちに、じゃあ行ってみるか、という気になった。

デザイン・ミュージアムがあるのは、バトラーズ・ウォーフというテムズ河沿いの埠頭。そのときはちょうど工事中で、タクシーであたりをぐるぐると回ったあげく、

「まっすぐ行けばミュージアムに出るから、ここで降りてくれ」

と言われた。以前は世界一といわれたロンドンのタクシー運転手も、ここ数年のめまぐるしい街の移り変わりには、ついていけないのだろう。さんざん迷ったあげくのことだったので、まあいいやと思いつつ川沿いの道を歩いていくと、見るからにモダンな白い建物があった。

さて中に入ってみると、展示物はすべて2階。常設展はモダンなもの、とくに私の好きなフィフティーズのプラスティック食器類の展示がおもしろかった。

プラスティック製品がイギリスで生産されていたのは１９６０年代の頃までで、あとは

＊デザイン・ミュージアム
DESIGN MUSEUM
28 Shad Thames London SE1 2YD

すべてアジア、とくに中国で生産されている。イギリスで作られたものは、中国ものとは色がまるで違い、とくに赤は「チャイニーズ・カラー」といわれる独特な赤（日本でも中国製は、この色が使われている）が使われる。その点「メイド・イン・イングランド」は、赤紫、ブリティッシュ・グリーンやモスグリーンといった、微妙な色あいのものがある。

エキシビションは、パントンの照明デザインに関するもの。展示物もさることながら、展示室が色別になっているのがおもしろい。私が気に入ったのは「グリーン・ルーム」。置いてある家具から照明から、なにからなにまでもがグリーンで統一されている。パントンは１９６０～70年代にデザインしたイスが有名なので、私はてっきりイスのデザイナーだと思いこんでいた。照明もいい。中にはアンティーク・フェアで見たことのあるものもあった。

全体の展示物はあまり多くはないが、川沿いの道を散歩がてら行ってみるのをおすすめする。近くにはコンランの経営するレストランなどもあり、ロンドンの中心部からも意外に近い。

エキシビション用の入場口

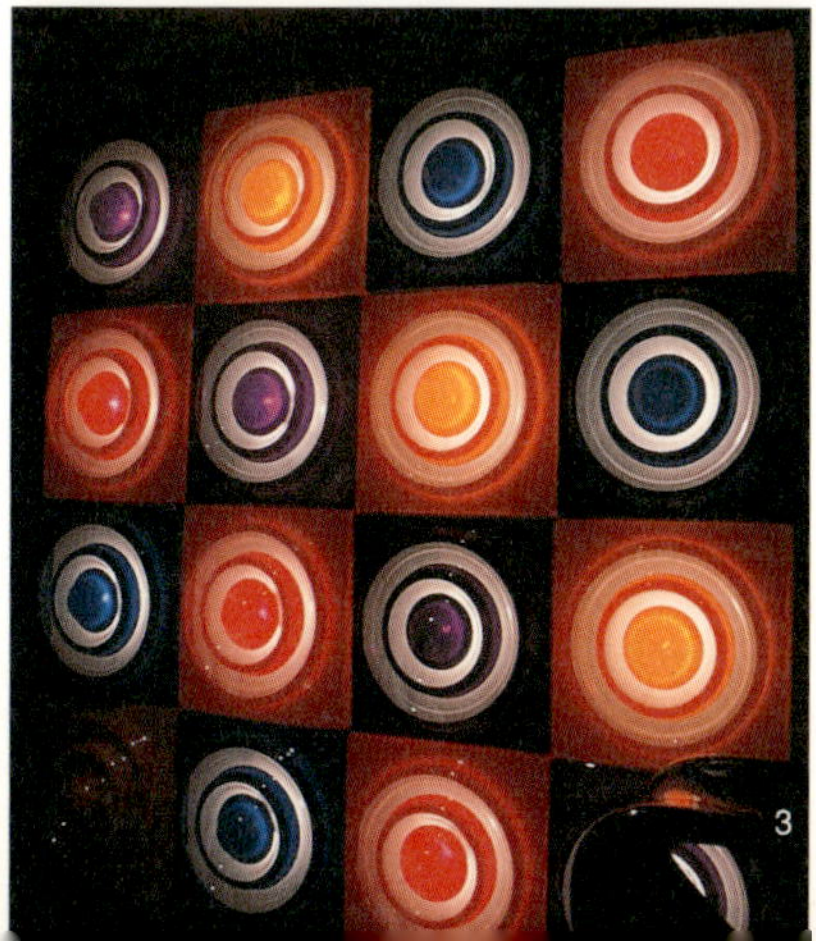

1 色によって展示室が分けられていた
2 グリーン・ルーム。中央にある銀色のシェイドは、アンティーク・フェアで見たことがある
3 壁一面にあったライト。色と形のバランスが美しい

OXO

マルバツマルではない。これでオーエックスオー、オクソと読む。たぶん牛のオックス（ox）からとったんだと思うのだが、スープ・キューブのメーカーとして、イギリスで有名な会社である。

たべもの関係のアンティークを主に集めている私は、とうぜんオクソも集めている。残念ながらアンティークのスープ・キューブはないけれど、当時パッケージに使われていた包装紙や、ノベルティとして作られたカップ、携帯用キューブ入れ、オクソを使ったレシピ・ブックなど（82ページの写真）がある。

いわゆるまあ雑多なコレクタブルス、ガラクタにも近いものではあるけれど、どこが好きかというと、赤を主体にしたパッケージが気に入っている。

年に1回Bebe's Antiquesの展示即売会を行なっているのだが、そのとき友人にスタイリングをたのんだら、

「なんだか赤いものが多いわね。よし、赤いものばっかりを集めたコーナーを作ろう！」

ということになって、キッチンタイマーやらカップ&ソーサーやら、真っ赤な布を敷いたテーブルに、赤いものばかりが大量にディスプレイされた。

＊スープ・キューブ
現在スーパー・マーケットで売っている、オクソ・キューブ

以前何かの本を読んだのだが、「赤・青・黄といった三原色を好むのは、幼児性の強い証拠。なので幼児の玩具などは、三原色が使われているものが多い」と書いてあった。ホントかどうかはその後調べていないのでわからないけれど、そうだとしたら、幼児性が強いことを、展示即売会で人に披露しているということなので、ちょっと恥ずかしかった。

自分好みのアンティークを探す場合、このように私は色から入っていく場合が多い。あ、遠くのほうになにか私好みの色のものがチラチラしてるなあ、と吸い込まれるようにそのものがある露店に近づいていく。近くまで来て、その形や色を確かめると、うん、やっぱり欲しいものだった、なんてことになる。

オクソなんかは、その点ひじょうにわかりやすく、真っ赤な地に白く「OXO」と書かれているので、遠くからでも発見できる。

現在でもこのオクソのスープ・キューブは、スーパー・マーケットなどで売られており、私もよく愛用している。日本のものとくらべると、塩分がほとんどないのにブイヨンの味はとても濃く、そして一粒が大きい。狂牛病が話題になったときは、存在が危ういかしら、などと心配もしたのだが、以前と同じように大量に陳列されていたので、安心した。

数年前にオクソの本社だった「オクソ・タワー」内にレストランができて、ちょっと行ってみたいなあ、けれど雑誌で見るかぎりでは今どきのモダン・ブリティッシュ風の料理

＊オクソ・タワー内にレストラン

「Bistro 2」2nd Floor　OXOTower,
The Stamford Wharf, Bridge House St.
London SE1

で、なんだかつまんないなあ、などと思っていたのだが、建物がアール・デコなのだそうだ。

それならよし、行ってみよう、いやぜひ行きたい!! と気分が高まっているところ。早くも来年に向けて予約を入れたいところだが、まだいつ行くか決まらない。

いっそこのためだけに、来週でもロンドンに行っちゃおうかな?

アドバタイジング・ミュージアムで見た、オクソのパッケージ

テレビからもアンティーク

イギリスのテレビはおもしろい。のんびりと夜、フラットでビールやワインを飲みながら見ることもあるし、買ってきたアンティークを日本への出荷用に梱包しながら、ＢＧＭがわりにつけていることもある。そうそう、地方のアンティーク・フェアへ出かける前の日などは、天気予報を必ず見る。

たとえ英語がわからなくっても、見ているだけでも意外な発見をすることがある。たとえばＢＢＣというＮＨＫのようなチャンネルには、やはり教育番組のようなものがあって、こないだは「ヴィクトリア朝時代のくらし」という番組をやっていた。当然アンティークも多数登場し、実際に使って見せてくれる訳である。ヴィクトリア朝時代というのは、現在よりも階級社会がかっちりとしていたので、主人公のような人は召使。ご主人様に怒られながらも、朝から夜までの仕事内容を紹介してくれる。

また違うチャンネルで「ラグ・ニンフ」という映画を見た。それもやはりヴィクトリア朝時代らしいのだが、捨てられていた子供が古着屋にひきとられ、だんだんとしあわせになっていくという話らしい。後編を残念ながら見られなかったので、しあわせになる部分は想像なのだが、その引き取られた古着屋というのが、ぞうきんのようなボロボロな古着を拾ってきては穴などをふさぎ、古着として売るのである。夜は暗い部屋でろうそくの明かりを頼りに、ぼろきれとしか思えないものに必死でツギをあて、なんとか古着にして、次の朝荷車に積み込み、市場へ売りに行くのだ。以前読んだイギリス関係の本に、当時フランス人がイギリスを旅行してびっくりしたことのひとつが、「イギリス人はぼろきれを古着として売っている」ということだったそうだ。それはどうやら本当のことだったんだ、日本人の私から見てもぼろきれとしか思えないものを画面で見ると、以前は不確かに思っていたことが、歴史上の事実として浮かび上がってくる。

イギリスに住む友人から「１９００年」というおもしろい番組があるのよ、と教えられた。これは２０００年を迎えるにあたって、100年前の生活を現代に再現してみようという試みをテレビ番組にしたものだ。番組は完璧に100年前の家を用意し、実際にこの家で暮らす家族を募集したところ、３０００人以上もの応募があったそうである。選ばれたのは5人家族。奥さんの強い要望があって、だんなさんが妻孝行にと参加することになったそうだ。この家族が選ばれたのは、だんなさんが軍隊にお勤めであったことが決め手となったらしい。なんせこの生活をしながらも仕事は続けなければならない。それでなんと、100年前の軍服で通勤することに。軍隊ならば昔もあった職業だから、設定が狂うようなことがない。しかし、軍服とはいえどやはりスタイルが古臭く（金モールなどがやたらとついていて、そのゴージャス感が今の時代にそぐわない感じだった）、だんなさんはそれを着て、恥ずかしそうに通勤していったのが、かわいそうでもあり、おもしろくもあった。

6回くらいのシリーズとして放映されたそうだが、私はロンドンで見ることができず、先日NHKでダイジェスト版が放映されたのを見ることができた。

ダイジェスト版では、冒頭部分で家族が前夜、ジャンク・フードのディナーをとっていた。「1900年」の家へ行ったら、そうしたピザやら駄菓子やらを食べることができないからだ。翌日はホテルでいったんヴィクトリア朝の服装に着替え、馬車に乗り家へと乗り込む。

これから一家が暮らす家は、煉瓦作りの典型的なヴィクトリアン・スタイルで裏庭があり、そこでニワトリを飼ったりしていた。

当時はガスや水道などはないので、炊事や洗濯に苦労していた。中でもいちばん手がかかったのは、オーブン。石炭で焚くオーブンは換気がうまくいかないのか、ついたり消えたり、過熱気味だったりと、コントロールができない。なんでもそこの家のサイズにあう当時のオーブンがなかなか見つからずに、やや粗悪品を設置してしまったらしい。このオーブンのために夫婦ゲンカが起こったり、お母さんがヒステリックになって泣いてしまったりと、この生活が危ぶまれた。途中で修理してもらっていたときには、見ている私もほっとしたものだ。

他にもおもしろいエピソードは数々あるのだが、「シャンプーがないことに、とても困る」というのが、いちばん印象に残った。最初は石鹸を使ってみたが、石鹸カスが髪につき、昔の本には「卵の黄身で洗う」なんてのもあったが、お湯で洗うと黄身がかたまったり、においがついてどうしようもないらしい。迷ったあげく、奥さんはスーパーへ行き、おきてやぶりのシャンプーを買ってしまう。スーパーへ行くことは許されているのだが、100年前にあった製品しか買ってはいけないのだ。

結局家族で話し合って、この生活を続けていくためにシャンプーは捨てられる。そのほかにも長男が拒食症になったりと、いろいろな問題が起きるのであるが、アンティーク好きには、イギリス人のコーディネーターが再現した、当時の調度品を見てほしい。そんなに高価なものはないが、当時の中流家庭の雰囲気を隅から隅まで再現している。興味のある方は本も出版されているので、ぜひ見てください。

＊シャンプー

この一家の生活は、コーディネーターが調べた資料によって再現されているのだが、番外編が放映されたとき、100歳をこえるおばあさんから投書がきて、「私が子供だった頃は、粉末洗剤をシャンプーがわりに使って、何の不自由もなかった」そうだ。生き字引には負ける。

＊本

『1900 HOUSE』
（Channel 4 Books）

{ダンボール屋さんとコックニー}

アンティーク雑貨の買い付けを始めたばかりの頃。イギリスでは文房具が日本に比べて高く、とくにダンボールなどの梱包材は、驚くべきような値段だった。こうした経費が結局値段に反映されてしまうのでなんとかできないかと考えていたら、取引先のディーラーが、自分のところで使っている梱包材会社が安くて質もいい、と勧めてくれた。場所はロンドンの下町、ストーク・ニューイントン。そのへんの地理にうとかったので、くわしい場所と営業時間などを聞いてみようと、まずは電話をしてみた。

しかし何度かけても、英語でない、かといってどこの言葉かわからぬ人が電話に出る。「英語がわかる人と替わってください」と言っても、通じないのか電話を切られてしまう。そういうことが何度か続いた。なので、とにかく行ってみた。

あたりをぐるぐると探し回ったのだが、教えてもらった店はなかなか見つからない。昼すぎに行って、もうあたりが暗くなり始めてあきらめようか、というときに汚い倉庫が目に入った。もしかして？　とおそるおそる中に入ってみると、電化製品などに使われたダンボールが、きれいに折りたたまれ、たくさん積んであった。

中古とはいえど、中には新品のダンボールよりも厚手で丈夫そうなものもあり、これならいいと思ったのもつかのま、今度は店の人の言葉がわからない。コックニーなまりだったのだ。

コックニーとは、イースト・エンドと呼ばれるロンドンの東側に住む人たちの言葉で、江戸っ子の定義が「神田で生まれ、日本橋でうぶ湯をつかい」なんていうように、「ボウ・ベル」ーボウ・チャーチの鐘の音が聞こえるあたりで生まれた人しか、コックニーとは呼ばないそうだ。この人たちの使う言葉は、ライミング・スラングといって、複雑でわかりにくい符丁のような単語を使い、なおかつなまっているので、さっぱりわからない。

結局欲しいダンボールを指さし、値段を紙に書いてもらったり、欲しい数を紙に書いたりして、商談は成立したのだった。

以前はタクシー運転手やその他の労働者階級の人々は、みんなコックニーを話していたそうである。話す人が少なくなったのでは？　と思っていたのだが、最近また復活の兆しがあるらしい。「イーストエンダース」というテレビ・ドラマが流行して、その登場人物が話すコックニーを、若者たちが好んで使ったりしているそうだ。古くからのものが見直されて、トレンドになったりする。それはアンティークだけでなく、言葉も同じなんだな、と思ったのだった。

イギリスでおいしいもの

ついこのあいだ、イギリスのたべものについての本を書いたばかりなのだが、これはもう、1冊書いたぐらいでは語りつくせないのがイングリッシュ・フーズなのだ。どうしてなのだろう、まずいとよくいわれているが、私にはそんな意見が不思議でしかたがない。

たしかに日本と比べると、あれれ?と思うこともいろいろとある。まったく味のしない料理やしょっぱいもの、ぐちゃぐちゃになるまでゆでられた野菜など。私も初めてロンドンに行ったときには、とてもびっくりした。たしかにそれらはお世辞にもおいしいとはいえないけれど、慣れてくれば「そういう食習慣なんだ」と思うだけである。

そうした味がいやならば、外食の際は店を選ぶことだ。まずいレストランに入って、「まずかった」なんてのは、あたりまえのこと。おいしいものが食べたいならば、それなりに調べるのは、日本でも同じことだろう。

しかし野菜や肉といった素材は、間違いなくイギリスのほうがおいしい。だからローストビーフやローストラム、つけあわせにはゆで野菜やベイクドポテトといった、シンプルな料理が有名なのだろう。肉や野菜の味が濃い。ちょっと塩をふっただけでも十分おいしい。それはある意味で、100年前と変わらない食生活を現在でも送っているせいなのかもしれない。「野菜とはこういう味、肉とはこうしたもんだ」という定義がかっちりしているような。まあ野菜に関しては、じゃがいも以外ほとんどがＥＣ諸国からの輸入品であるけれど。

それと同時に、ヨーロッパ大陸の食文化やかつて植民地だったインドなどアジアのたべものが入り込んで、ロンドンでは普通食となって久しい。イギリス人の中には、「イギリス料理は家で食べるもの。外食はエスニック」などと使い分けている人も多いと聞いた。それが最近では、日本食や回転寿司の流行によって、お寿司までもがスーパーマーケットで買うことができる。エスニックが家庭でも浸透しつつあるのだろう。

今回のロンドンでは、友人のジュリアン&ローザ夫妻のお宅にいそうろうさせてもらったので、ひさしぶりにイギリス人の家庭の食生活をまのあたりにして、

「やっぱりおいしいよなあ、イギリスのごはんは」

と、思い直した。。

いや、この言い方は正しくないのかもしれない。「私はおいしいと感じる」つまり、私の口にあう、という風に。

初めてロンドンで暮らしたときに、「これは日本で食べたことがなかった」と思ったの

1 がちょうやあひるの卵が、地方の市場で売っていた。意外にもおいしかった
2 野菜はスーパーで買うより、市場のほうがおいしい
3 お気に入りのパティスリーのパッケージ
4 インテリアが気に入っているイタリアン・バー「POLO」

が、タラモとホモス。どちらもディップのような感覚で、ピタパンというぺたっとした平たいパンにつけて食べるのだが、タラモはタラコとマッシュポテトがあわさったもの。レモンやクリームなども入っている。ホモス（ヒューモスといったほうがイギリス的かもしれない）はひよこ豆をペースト状にしたもの。タラモより少し粉っぽい。「うん、豆だ」という味がする。ギリシャ料理だと教わったが、その後似たようなものがトルコ料理でもレバノン料理でも出てきたので、地中海料理、もしくは中近東料理なのかもしれない。どちらもスーパーや町のデリなどで気軽に買うことができる。ピタパンはすぐに固くなってしまうので、私はクラッカーなどにつけて食べたりもする、ロンドンの常備食だ。

ジュリアン&ローザ宅の冷蔵庫にも、このふたつがあったのでうれしくなってしまった。それ以外にもコールスローやビーツなどの懐かしい食品が。

また、私はマッシュポテトとひき肉という組み合わせがとてつもなく好きなのだが、これを組み合わせた「コテージ・パイ」というものがある。それも半調理品としてスーパーで売られているので、それをオーブンで温めればすぐ食べることができる。シェパーズ・パイというのもあり、これは羊肉のひき肉を使っていることが多い。この前、カンバーランド・パイというのも発見して、これはチーズが加わったものだった。どう違うの？と数人のイギリス人にたずねたが、男性だったせいか「よくわからない」と言われた。（その後、イギリス在住の友人が調べてくれたところ、カンバーランドは豚肉の産地として有名なので、豚ひき肉を使ったものではないか、と肉屋に言われたとのこと）

サンドイッチも気に入っている。種類もたくさんあって、日本にいるときよりもよく食べる。ドライブインなどで買ったものでも十分おいしい（ちょっと割高だけど）。そうそう、チーズや牛乳、ヨーグルトといった、酪農製品もうまい。チーズなんて味が濃いから、サンドイッチに入っていると、その他の素材が負けちゃって、チーズ味しかしないときがある。チーズ入りのサンドイッチを選ぶときには、セロリとか、チャツネとか、パンチの効いたものとの組み合わせを選ぶことをおすすめする。いろいろな種類が豊富にあるのだが、いつも決まったものを選んでしまう。毎日違う組み合わせのものを食べるとしたら、1か月かかっても食べ終わらないことだろう。

じゃがいもも大好物。チップスという、じゃがいもを拍子切りにして揚げたものは、イギリスでの私の日常食。日本でも食べたくなるが、イモが違う。圧倒的にイギリスのじゃがいものほうがおいしい。なんせじゃがいもはイギリスでは主食、日本人にしてみれば米のような存在。

他にもイギリスでよく食べられる豆も好きだ。朝食に添えられる「ベイクドビーンズ」という大豆のケチャップ煮みたいのをトーストに乗せて食べたり、「ジャケットポテト」という焼じゃがいもに、チーズと共に乗せて食べるのもおいしい。また、「ピー」と省略して呼ばれるほど一般的な豆、グリンピースの茹でたものは、よくサイドディッシュとして、にんじんなどと共に添えられる。ソラマメもよく食べるし。キドニービーンズを使ったチリなんかも、とても一般的。

パンもスーパーで買った安いものでも、おいしいと思う。そのおいしさがだんだんとあたりまえに思えていた私に、スペインやフランスからやってきた友人たちが、

「イギリスのパンはおいしい」

と口を揃えて言われたので、ヨーロッパの中でもうまいらしい。食パンというものが、他の国ではあまり一般的でないこともあるだろう。

私の好みはブラウンブレッドという、茶色っぽいパン。ホワイトブレッドよりこげやすいので、トーストするときにはちょっと気をつけねばならない。日本にいるときにはほとんど日本食しか食べぬ私だが、イギリスに行ったらイギリス食、やはり「郷に入りては……」のほうがおいしいし、おもしろいなあとつくづく思う。

コレクションの変遷、スタイルの不変

読者の方から、出版社に問い合わせがあった。

なんでも、私が出した本の内容が間違っているのではないか、とのこと。ご指摘の点は、「スージー・クーパーの食器セットを24ポンド、ランプシェードが5ポンドと書いてあるが、これはヒトケタ間違っているのではないか」

内容を確認するために、ひさしぶりに以前書いた本を開いてみると、当時のことがいろいろと懐かしく思いだされてきた。

最初にアンティークに関する本を出版したのは、１９９３年のこと。その本のために取材をしていたのは、１９９０年から９２年の3年間。その取材内容と、暮らしていた１９８９年のできごとを含めて作られているのであるが、思えばアンティークを知る上で、とてもいい時代だったのだなあ。

というのは、この読者の方というのは、現在のアンティークの値段を知った上で、このようなご指摘をなさったのだろう。たしかに今は、私が7年前に出した本に書いたような値段で、そうしたアンティークを買うことはできない。ヒトケタ間違っている、と言われるほどに値上がりしているのだ。

私が初めてアンティークに接し、それを好きになって買い始めた12年前は、なんでもが手ごろな値段で買うことができた。まあその頃からスージー・クーパーはそんなに安いものではなかったけれど、「カーナビー・デイジー」という1960年代のカップ&ソーサー1客で12ポンド。それでも当時貧乏な学生生活を送っていた私。1週間の生活費が、家賃を含めて100ポンドだったから、これは私の1日の生活費分。買うのに相当悩んだ値段だった。結局フルセット6客、しかも箱入りの完品は買えなくて、5客買ったのだった。あわせて60ポンド。今ならやっと1客買えるかな、という値段だ。

そんな感じで集め始めたので、コレクター初期の頃は安いものばかりを買っていた。それに価値を求めるよりも、自分がカワイイとか、おもしろいとか、なんか気にかかる、といったものを中心に集めていた。当時のものはアンティークというよりも、ほんとうにジャンク、ブリック・ア・ブラックに近い。

それからBebe's Antiquesを始めて、今度は商品用にアンティークの買い付けを始めたのだが、「いいな」と思ったものは、かたっぱしから買っていくので、商品用だか、自分用だかわからなくなっていった。

この頃によく集めたのが、プール。うちの主力商品だったので。自分用にはフルセットなんて、高くて買う気にならなかったものまでバンバンと買った。この頃買ったもので、「スティームライン」という、グレイと黄色で流線型なラインが描かれているフルセットは、無理をしても買っておいてよかった。現在これの色違い、ブルーと赤のラインのものを探しているのだが、サザビーズでカップ&ソーサーをチラッと見ただけで、なかなかみつからない。でもあったとしても、高すぎて買えないかもしれない。

実際に商売をやってみて、値段や状態にシビアになったのと、今まで興味のなかったアンティークなども知るようになり、気付かぬうちに、知識が増え、目も肥えてきたようだ。

その後Bebe's Antiquesの方針を変えて、薄利多売をやめ、いいものを丁寧に売っていこうという姿勢に変えたので、また違うアンティークの世界が広がってきた。

とはいっても、根が安いもの好きの私、いきなり数十万、数百万円もする高級骨董ワールドへ、ということではなく、あいかわらずおこづかいで買うことのできる値段、高くて数万円の「コレクタブルス」と呼ばれているマニア向けのものや、ちょっとウンチクのある安いアンティークへ手を出し始めた。それが他の項でご紹介しているギネスの陶器の置物であったり、ウエッジウッドのキース・マーレイだったり。

しかしこのように集めるものが変化してきたのには、もうひとつ理由がある。アンティークの値が全体的に上がってきているからだ。

以前はクズのような値段で売っていたものさえ、なかなかのお値段となってきた昨今、

*フルセット
カップ&ソーサー6客、ケーキ皿6枚、それにシュガーポット、クリーマー、ティーポット、ホットウォーター・ジャグがついたもの。セット内容によっては、これに大皿1枚がつくこともある。

*ウイリアム・モリス
William Morris（1834〜96）。イギリスの詩人、工芸家、社会改革家。エセ

どうせいずれも高いんだったら、いいものを少し買おうと思い始めた。

それとイギリスへ行くたびにいろいろなものを見聞して10年、コレクションはその時代によって、少しずつ移り変わっている。また、イギリスのいずれの時代にも自分の気に入るものがあるんだな、なんて思いなおしたり。

たとえば「ヴィクトリアン・スタイルには、私の欲しいものはない！」なんて言い切っていたのだけれど、ヴィクトリア女王には興味があるし、自分の趣味とはちょっと違うけれども、ウイリアム・モリスはおもしろい。また、「アール・デコは好きだが、アール・ヌーヴォーは嫌い」と思っていたが、スコティッシュ・アール・ヌーヴォーであるマッキントッシュは、スコットランドまで実物を見に行ったが、もっとじっくり調べてみたいもののひとつだ。

と考えると、コレクションに変遷はあるものの、自分の趣味、スタイルはあまり変わらない、いや、よりハッキリと好きなものを深く知ろうという気になってきた。

最近はコレクションと商品の区切りもつけ始めたところ。でもそうすると自分用には、ほんのちょっぴりしか買うことができないところが、ちょっとさびしい。

ックス州の裕福な実業家の家に生まれる。幼い頃から中世のロマンに憧れており、中世史、建築、絵画、壁画装飾を学んだ後に、工芸家となる。1861年、ステンド・グラス、家具、タイル、壁紙、染色などの室内装飾を行なう商会を友人のロセッティらと設立。「アーツ・アンド・クラフツ運動」を推進し、講演、文筆活動を精力的に行なって、芸術による社会改革を訴えた。

＊マッキントッシュ
Charles Rennie Mackintosh（1868～1928）。イギリスの近代建築家。家具デザイナー、画家。スコットランド・グラスゴーに生まれ、設計事務所に勤めるかたわらグラスゴー美術学校で建築を学ぶ。ポスター、家具、工芸品などのデザインに、古代ケルト人のモチーフや、植物や人体に基づく曲線を使い、アール・ヌーヴォーに呼応する動きとして、注目を浴びる。

｛ビクトリア朝時代、発明によってアンティークが生まれた｝

ヴィクトリア女王が在位した1837～1901年、イギリスは産業革命によって、大英帝国と呼ばれるほどの繁栄をきわめた。いわばバブル期だった訳なのだが、そのバブルの遺産が現在では、価値ある逸品、アンティークとして流通している。

全体的に重厚感の漂う、デコラティブなスタイルが、この時代の特徴である。その手のスタイルにはあまり興味のない私であるが、当時発明されたものによって影響を受け、現在アンティークとして残っているものには、その背景に興味がある。

たとえばクロモス。もともとの意味はクロモリトグラフ、多色刷りのことで、それまでは黒一色の印刷物しかなかったのだが、印刷技術の発達により、実物に近い自然色、つまりカラーを再現できるようになった。

ちょうどその頃、切手が発明され、1840年に発売された切手第一号は、ヴィクトリア女王の横顔をモチーフにした、「ペニー・ブラック」という1ペニー切手だった。これにより、今までは召使いに運ばせていた手紙を、切手さえ貼ってポストに投函すれば、召使いのいない人々でも気軽に手紙のやりとりができるようになった。

それによって、グリーティング・カードを送りあうのが大流行、そのカードに使われたのが、クロモスなのであった。カードに貼るシールのようなもので、当時花言葉も流行していたので、モチーフは花が多く、中にはカードにクロモスだけを貼って、愛する人に花言葉を伝えた、なんていうラブ・レターも多かったそうだ。

蒸気機関車の発明からも、ツゥーリズムという旅行ブームが生まれ、そのために旅行用の小ぶりなライティング・デスクなども使われた。ロンドンのプチ・ホテルなどに泊ると、このデスクにたまにお目にかかることがある。アンティーク文具類は専門店もあるので、そうした店へ行くと、さまざまな形のライティング・デスクを見ることができる。いずれ欲しいなあ、とは思っているもののひとつである。

ロンドンから地方へ出かける人々も多くいたが、地方からロンドンへと物見遊山に訪れる人も多かった。とくに女王の戴冠式や即位50周年などの記念式典が行なわれるときには、その観光客目当てで作られたおみやげ品もまた、現在ではアンティークとなっている。コロネーション、コメモラティブなどと呼ばれ、フェアなどではあまり見ることがないけれど、専門店がある。現女王のエリザベスII世のものもあるが、やはりヴィクトリア女王のほうが、人気があるようだ。古い、というだけでなく、マグカップ、キャンディーポット、陶器の貯金箱など、アイテムが豊富にあるのも、その原因のひとつだろう。

アンティークも電脳世界へ

アーディングレイのアンティーク・フェアへ行ったときのこと。

「アンティーク・ガゼット」という情報紙を買ったら、たくさんのおまけがついてきた。ガゼットは夕刊紙くらいのサイズの新聞で、おまけのほうが立派なくらいの小冊子数冊と、CD-ROM。なにかと思って見てみると、ディーラーなどのメール・アドレスがびっちりと書いてあるリストだった。


世の中は電脳が浸透していると聞いてはいたけれど、アンティークの世界にもついにそうなってきたかと思ったのだが、すでにこの時期こんなことを考える者はとても出遅れていて、イギリスでは日本以上に電脳化が進んでいると、後に友人に教えられた。


このときにまた、状態のとてもよい1960年代スタイルのスタンド・ライトを持って歩いている人をみかけたので、

「それはどこで、いくらで買ったの?」

と聞いたところ、

「買うかい?」

「いや、今すぐは買えないんだけど」

それならと、自分のアドレスと、もしかしたらe-bayに出すかもしれないから、と言われた。

「e-bayって?」

「アンティーク好きでe-bayも知らないの?　驚きだね。とにかく見てみなよ」

とのこと。

e-bayとは、とてつもなくいろいろなものを売っているネット・オークションのサイトのことだった。もちろんアンティークだけでなく、車なども販売している。

そのことを、アメリカのアンティークなどを扱っている知り合いの雑貨屋さんに話したら、よく見ているとのこと。最近パソコンを始めた私は情報が遅い。そういえば私がパソコンを使い始めたのも、以前にアンティークのホームページを見せてもらい、それをもっと見たくてインターネットを始めたんだっけ。

初心者の私には、まだまだわからぬことがたくさんあるけれど、インターネットの世界というのは、興味のある世界をぐぐっと掘り下げるのには、とても有効な手段だと思う。なのでアンティークの世界では、ひじょうに便利でなおかつ効果的だ。しかしオークションなどにより、相場というものがだれにでもあまねくわかるようになったので、プロとしては手痛い部分もある。

たとえば相場を知らない地方のひなびた店で、思いのほか安く仕入れちゃった!　なん

＊e-bay

世界最大のオンライン・オークションのコミュニティ・サイト。現在アメリカ、イギリス、ドイツ、オーストラリア、カナダ、フランスの7か国、7通貨でのサイトがある。

http://www.ebayjapan.co.jp/

て楽しみが失われてきているそうだ。これは聞いた話であるけれど、そういわれてみると、最近店によってえらく値段が違う、なんてのは減ってきた。とくにトレンドなもの、たとえばセブンティーズやシックスティーズのモダン・アンティークなどは、どこの店でも判で押したように値段が均一化されている。

うちの定番商品である「ロケット・ライト」というのがあるのだが、これはカムデンというマーケットでは、どの店でも60ポンド。たまに状態のいいものや、珍しいもの（色や形が微妙に違うもの）などは80ポンド。どうやって値段を決めているのかなあと、不思議に思ったことがあった。

ちなみにさきほど、ひさしぶりにe-bayを見てみました。ためしにpooleで検索すると3点。キース・マーレイはなし。ウエッジウッドは43点、ギネスでは灰皿が1点あった。ギネスの灰皿はすでに持っているもので、値段も私がイギリスで去年買ったのと同じ20ポンド。これもレプリカがあるので、本物だということを写真にて（灰皿のロゴを接写したもの）説明していた。

あちこちのアンティーク・フェアやマーケットやショップなどに行って探す手間を考えると、手軽に欲しいものが買えるというのは、とっても便利でおもしろいシステム。けれどイギリスへ行くことができるかぎりは、やはり私は現地にて苦労しながら手に入れるこ

＊ロケット・ライト

奥の3本がロケット・ライト

とだろう。そのシチュエーションがおもしろくもあるので。

でも、「こんなものがこんな値段で売られているんだ」などと、手軽に見られるのは興味深い。イギリスのアンティークだとしてもアメリカの業者のほうが安かったり、値段も5ドル、5ポンドあたりから100ドルを超えるものありで、さまざまにあるところがいい。

ただし安いアンティーク、コレクタブルス、ジャンクやフェイクなどのガラクタならいいけれど、価値を求めるアンティークを買うときには、キズや欠け、ハゲなど細かい説明があったほうがいいだろう。また壊れやすいものに関しては、輸送中においての破損はどちらの責任になるかなど、事前にハッキリさせておく項目もいくつかありそうだ。e-bayでもそのへんの問題はこまかに説明されているので、めんどうでも事前によくチェックすることだ。

私も今度アンティークのホームページを作る予定なので、いろいろと参考にしたいところ。電脳アンティーク・ライフはまだ始まったばかり。これからどのように進んでいくことになるのだろうか。私はまだ五里霧中の段階である。

セントラルをふらふらと

ロンドンにいるときは、アンティークとまったく関係なくすごす日もある。観光スポットを巡ってみたり、ダンナのおみやげ買いにつきあってみたり。アンティークは趣味でもあるが仕事でもあるので、こうしたアンティークに関係のない日が、ホリデイとなる。

その日はレンタカーを置いて、バスに乗ってオックスフォード・サーカスまで出かけてみた。たまにバスに乗ると、ロンドンの景色が違って見えるのがいい。ピカデリー・サーカスあたりにさしかかったとき、2階建てバスの2階から、スコットランド銀行の屋根が見えた。ヌーヴォーのスタイル。たぶんスコットランド出身のマッキントッシュを意識したデザインなんだろうな、などと小さな発見をする。

この日はソーホーのあたりで友人に会う約束があったので、それまではダンナのショッピングにつきあう。ダンナは何度もロンドンを訪れているのに、おみやげショップが大好きだ。ここらへんのおみやげショップを見つけるたびに、一軒一軒入らずにはいられない。このときオックスフォード・サーカスからソーホーまで、抜け道をしようと考えて通ったところがカーナビー・ストリートだった。１９６０年代、ビートルズ全盛、マリー・クワ

＊オックスフォード・サーカス
Oxford Circus　ロンドンの中心部、約１・５キロにわたるこの通りは、ロンドンを訪れる観光客のメッカともいえる。デパートやおみやげショップなどが軒を連ねる。ちなみにタクシーとバス以外の車輌は進入禁止である。

＊カーナビー・ストリート
Carnaby Street　１９６０年代にファッションの発信地として有名になった、ロンドン中央部の小さな通り。

ントがミニスカートを生み出した頃のファッションのメッカだったところだ。

「一度、来てみたかったんだ」

と、ダンナ。'60年代好きとしては、押さえておきたいところだろう。かくいう私もこの時代のスタイルは気に入っている。最初に買ったアンティーク、スージー・クーパーのカップ&ソーサー「カーナビー・デイジー」は、このストリートから名づけられたものだ。でも私が初めて来た1980年代の頃と、ずいぶん変わったなあ、もっとおしゃれな店が増えたように聞いていたが、おみやげ屋さんが目につく。でもダンナには好都合。しらみつぶしに見ていくのであった。いやんなっちゃうなあ、と言いながら、ついつい私も見てしまう。おっ、こんなところにギネスがいる。私が通販で日本からアイルランドまで申し込んだのに、品切れだったパイント・グラスだ。

パイント・グラスとは、パブでビールを飲むときに、きっちりと1パイント入るように作られたもの。そのグラスにトゥーカンがついている。その他にもいろいろな種類があって迷ったけれど、私用にはトゥーカン、ダンナ用にはすべてのキャラクター（他にペリカン、ダチョウ、アシカなどがいる）が集合しているものにした（84ページ写真）。気がついたら私のほうがはまっていた。

またあるときは、前から行ってみたかった、トランスポート・ミュージアムへ。

コベント・ガーデンには他に予定が入っていないとき、毎週月曜日に行なわれるアンテ

＊マリー・クワント
Mary Quant（1934〜）1960年代に彼女によって作られたミニ・スカートは、ファッション界に一大旋風を巻き起こし、一時はロンドンがファッションの都、パリを追い抜く勢いであった。

＊トランスポート・ミュージアム
TRANSPORT MUSEUM
The Piazza, London WC2

＊コベント・ガーデン
Covent Garden　以前はロンドンの生花・野菜卸し市場で、1975年にテムズ河の南側に市場が移転、その後建物が若干改修され、1980年現在のようなショッピング・アーケードとして生まれ変わった。

ィーク・マーケットに訪れる。地方のマーケットやフェアに比べるとお値段が高いので、あまり買うことはないけれど、質のよいお店が揃っているので、見物がてら来るのである。ミュージアム見物に訪れたときは土曜日の午後、いつもアンティーク・マーケットが開かれている場所は、みやげものの店でいっぱいだった。そして広場は大道芸人の人々と、それを見物するたくさんの観光客。こんなの初めて見た！　いつも月曜日にしか来ないからなあ。同じ場所でも、違う時間で、まったく違う装いになる。もし私がこのとき、初めてコベントに来たなら、また違う印象を受けたことだろう。

さて、目的のトランスポート・ミュージアムは、そのマーケットの隣にある。中に入ってびっくりした。チケットを買うために、長蛇の列ができている。最近、ロンドンに来る観光客がとても増えているとは知っていたが、トップシーズンでもない寒い初冬なのに、この行列とは。見てみたかったけれど、並んでまで入るのはなあ。それにチケットがなくてもミュージアム・ショップだけは入れるから、そちらで楽しむことにしよう。

ずいぶん前に、陶芸家の浜田庄司のエキシビションを渋谷・松濤美術館に見に行ったとき、ロンドンの地下鉄、それも地下鉄の看板デザインに関する展示もあった。それがいわば、現在のタイポグラフィーの元祖ともいえる、と説明にあった。

＊浜田庄司
1894〜1978。バーナード・リーチ、柳宗悦らと親交を深め、1920年イギリス・セントアイヴスへ渡り作陶生活に入るが、帰国後は栃木県益子町で民芸の世界に没頭、益子焼を革新。柳宗悦の没後は日本民芸館館長として、世界の民芸品の蒐集につとめた。

ロンドンの地下鉄ができたのは、100年以上も前。最初は蒸気機関車だったそうで、乗客がすすで真っ黒けになったらしい。エスカレーターなども木製で、これは私も見たことがある。１９８７年に訪れたときは使われていたのだが、ちょうど滞在中にキングスクロス駅で火災が起こった。それはこの木製エスカレーターにタバコの燃えさしが詰まったのが出火原因だったそうで、その後すぐに使われなくなってしまった。

ロゴ自体はそれ以後の１９２０年代に作られたらしいが、なんてモダンな、なんてすっきりとしたよいデザインなんだろうと、前々から大好きであった。その地下鉄マークがついたみやげものが、ここではたくさん売られている。

以前「ロンドン・ティー」という、地下鉄路線図が描かれた紅茶缶をおみやげに買ったことがあるが、こんなに種類豊富にあるとは知らなかった。いろいろと迷ったあげく、私は開業当時から現在までの地下鉄のポスターを使ったカレンダー、ダンナは地下鉄マーク入りのTシャツを買った。

他にも欲しいものが山盛りにあったが、なんせショップ内も大混雑。いろいろな言葉が飛び交っている。きっと世界中から来ている観光客なんだろうが、みんな楽しげにおみやげを選んでいる。今度はアンティーク・マーケットの帰りにでも寄ってみよう。きちんとミュージアムも見ることにして。

ロンドンのコンラン
ショップで買った、
刺繍入りナプキン

その後1930年代の地下鉄の看板が売っていると『MILLER'S COLLECTABLES PRICE GUIDE 2000-2001』で見た。ヴィクトリア駅と表示されているものは750ポンド、ハイ・バーネット駅は350ポンド。年代も大きさもほぼ一緒。やはり有名な駅のほうが高いのだろうか。そしてこの値段は安い？　高い？　ものはかなり大きいので、重量感を考えると安いのかも。しかしこんなものまでアンティークとして売られているのには、ややびっくり。そして「ちょっと欲しいな」と思う自分にもびっくり。買ってどうする？　日本まで持って帰ることができるのか？

道路標識

バス停。アンティーク・フェアで売られていた

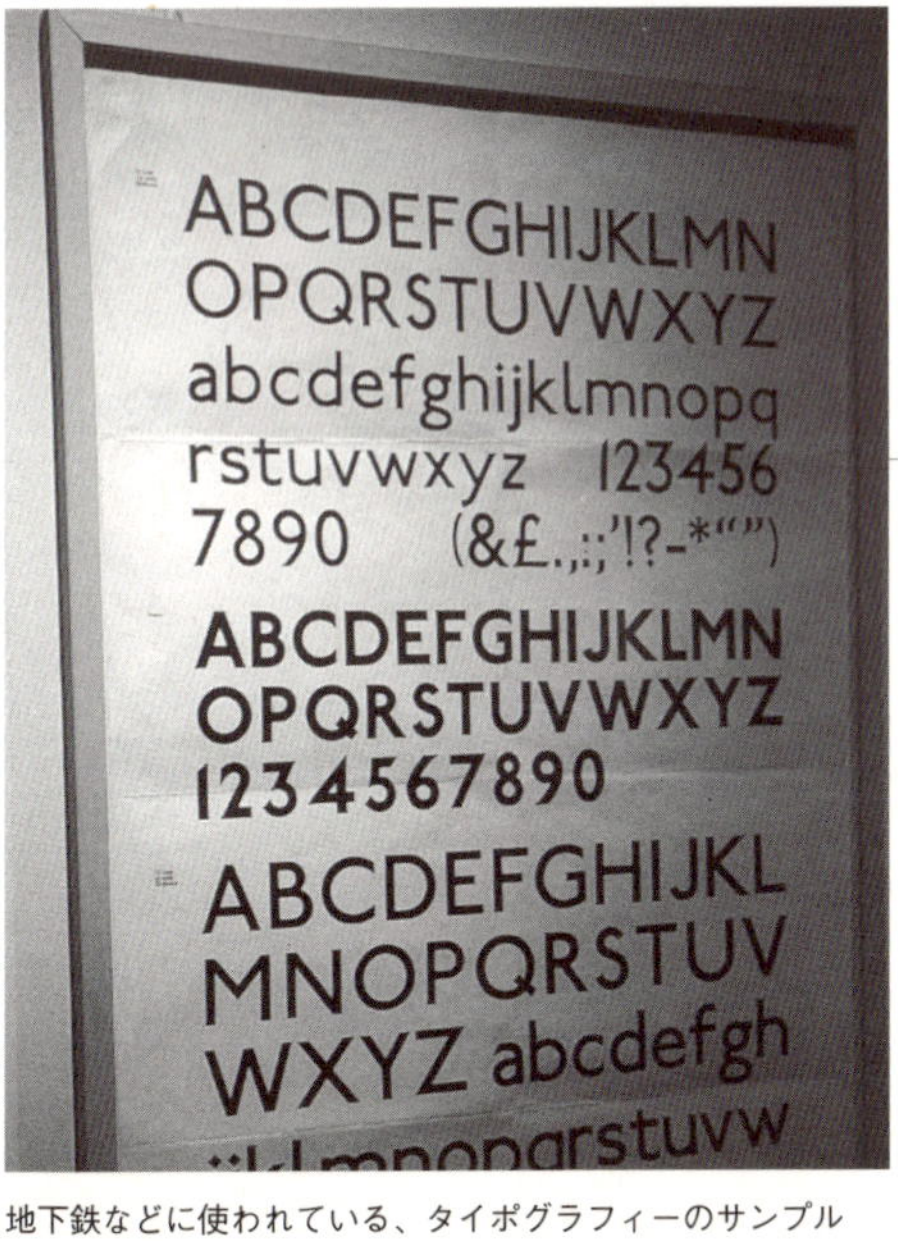

地下鉄などに使われている、タイポグラフィーのサンプル

イギリスでは、国内のありとあらゆるところで、アンティーク・マーケットやフェア、オークションが開かれている。そこにくる人々は、マニアというよりも気軽にアンティークを楽しんでいる人がほとんど。イギリスでは「古ければ古いほどよい」という考え方が一般的であるように、古きよきもの、アンティークも人々に愛され、一般に広く受け入れられている。ゆえに、アンティーク・マーケットやフェアへ出かけることは、なにも特別なことではない。ロンドンでもマーケットは毎週定期的に行なわれており、それぞれに特徴がある。

＜アンティーク旅の具体的なポイントとして＞

・目的のアンティーク・マーケット＆フェアを日程の中心に

とくにマーケットやフェアなどは、週末に多く開催される。日程に余裕のある人は、土・日曜日が2回入ると、よりよいものが買えるチャンスが増える。

・高額商品は、信用のおける店で

ジュエリーや高価な時計などは、なるべく専門店で買ったほうがよい。グレイズなどにある、信頼のおける店で買うのがベスト。

＊グレイズ GRAY'S　South Molton Lane, London W1Y 2LP

・家具を買いたい場合

輸送中に破損する場合があるので、アンティーク初心者にはあまりおすすめしないが、その際には梱包と運送会社を事前にチェックしておくこと。ピカデリー・サーカスにあるジャパン・センターに行くと、日系の運送会社の情報などを得ることができる。

・交通手段を確認

地方のアンティーク・フェアは、たいてい駅から遠く離れた農場などで行なわれるので、アクセスを事前に確保すること。

・中級者には、専門フェアへ

アンティークやマーケットに行き慣れていたり、自分の欲しいものがハッキリとしている場合は、「アール・デコ・フェア」「ポストカード・フェア」「スタンプ＆コイン・フェア」「ブックフェア」「グラス＆ジュエリー・フェア」など、あまり規模は大きくはないが、専門店が揃って出店するフェアがおすすめ。くわしくは、情報誌でチェック。

<アンティーク・マーケット>

マーケットはロンドン以外にも、イギリス全国で開かれている。地方を旅していると、偶然マーケットに出会うという場合もよくある。ロンドンのマーケットは掘り出し物は少ないが、日程が短いときなどは便利。

●ロンドンの主なアンティーク・マーケット

月曜日　**ジュビリー・マーケット**（地下鉄駅：コベント・ガーデン　9:00〜13:00）
観光スポットにあるマーケットなので、若干値段は高めだが、質のよいものが揃っている。

水曜日　**カムデン・パッセージ**（地下鉄駅：エンジェル　9:00〜13:00）
日本のアンティーク好きに人気の高いマーケット。シュタイフを主に扱うアンティーク・ドール・ショップあり。

金曜日　**バーモンジー・マーケット**（地下鉄駅：ロンドンブリッジ　5:00〜11:00）
伝統あるアンティーク・マーケットだけあって、ヴィクトリアン・シルバーなどの正統派アンティーク多し。海を渡ってヨーロッパ大陸からの業者も出店。

土曜日　**ポートベロー・マーケット**（地下鉄駅：ノッティングヒル・ゲイト　8:00〜18:00）
ヨーロッパ最大のストリート・マーケット。近年アンティークが減り、日用品の出店数が増加。

日曜日　**チョークファーム・マーケット**（地下鉄駅：チョークファアーム）
若者でにぎわうカムデン・ロック・マーケットに隣接するチョークファームは、元馬小屋だった屋内にアンティークが売られていたが、近年は増設。屋外部分にもモダン・アンティークを中心に、多数の店がある。
グリニッジ・マーケット（BR駅：グリニッジ）
だいぶアンティークが減ってはいるが、コレクタブルスを見つけるのには、最適のマーケット。お値段もロンドン中心部よりは若干安め。

注意：営業時間はだいたいの目安。冬季は若干遅くなることもあり。雨の日は早仕舞いもあり。

<アンティーク・フェア>

イギリスの全国各地で開催されているが、コレクタブルスを発見するためには、「アンティーク&コレクタブルス・フェア」と銘打っているフェアを探すこと。地方へ行けば行くほど、お値段は安い場合が多い。入場料を払えばだれでも入ることができる。大きなフェアだと、一般入場の前にトレード、あるいはトレーディング・タイムという業者専用の買い付け時間が設けられるが、入場料が違うだけで、一般客も入ることができる。

●イギリスでの主なアンティーク・フェア

＊アーディングレイ　The Ardingley Antiques & Collectors Fair 350・1300
South of England Showground, Ardingley West Sussex

＊ニューアーク　The Newark International Antiques & Collectors Fair 4000
Newark & Notts Showground, Newark Nottinghamshire

＊ピーターボロウ　Peterborough FESTIVAL OF ANTIQUES 1000
East of England Showground A1
＊アレクサンドラ・パレス　Alexandra Palace 700
The Great Hall Alexandra Palace, Wood Green London N22

＜オークション＞

イギリス国内のいたるところで行なわれている。サザビースなどの有名オークション会社から、地方の住民が集って開催するオークションまで、千差万別。有名な骨董コレクターが亡くなって、家中のものをすべてオークションにかけるなどというお大がかりなものは、よくテレビなどでも話題になるが、イギリスでは一市民が亡くなったときに家財道具を売り払うのにも、よくオークションが行なわれるほど、ごく日常的なものである。

●おすすめオークション会社

クリスティーズ……高級骨董が立ち並ぶロンドン市内のオークション会社の中では、本格派のアンティークから私たちにも手の届きそうなコレクタブルスなども積極的に扱っている会社。オークションに参加しなくても、ビューイングという下見会だけでも見てほしい。入り口の受付で販売されているパンフレットだけでも必見の価値あり。
CHRISTIE'S South Kensington　85 Old Brompton Road London, SW7 3LD

＜アンティークを見るための、おすすめミュージアム＞

＊印のあるものは、本文中にも記載のあるもの。

●ロンドン

＊ヴィクトリア＆アルバート・ミュージアム　Victoria & Albert　Museum

ロンドン万博で展示された美術工芸品を収蔵する博物館。ジュエリーやステンドグラス、イギリスの陶磁器コーナーなど、必見スポットは多数あり。ミュージアム・ショップも充実している。
Cromwell Road, South Kensington SW7 2RL

ジェフリー・ミュージアム　Jeffrye Museum

17世紀から20世紀までの家具を年代別に、わかりやすく展示した小さな博物館。裏庭には、ハーブ・ガーデンもある。
Kingsland Road, Shoreditch E2 8EA

ホガース・ハウス　Hogarth House

17世紀の風刺画家、ホガースが暮らした家がそのまま展示されている。彼が愛犬と共に描いた、自画像などもある。
Hogarth Lane, Great West Road, Chiswick W4

＊ロンドン・トランスポート・ミュージアム　London Transport Museum

本文中にも紹介した、交通博物館。地下鉄、バス、馬車などのあらゆる交通の展示物あり。ミュージアム・ショップも充実している。

Covent Garden Piazza, Covent Garden WC2E 7BB

ミュージアム・オブ・ガーデン・ヒストリー　Museum of Garden History

有名な教会を改築して、ガーデニング・ツールズなどを展示した博物館。ステンドグラスが美しい。

Lambeth Palace Road SE1 7LB

ロンドン博物館　The Museum of London

歴史の深い街、ロンドンに関する博物館。19世紀のお店を再現したものや、ロンドン市長がパレードのとき、実際に使用する馬車なども展示されている。

London Wall EC2Y 5HN

ウイリアム・モリス・ギャラリー　William Morris Gallery

この地域を好んだモリスが暮らした家が、ギャラリーとなっている。展示物は少ないが、こぢんまりとまとまっている。花の咲く季節に行くと、庭園が美しい。

Lloyd Park, Forest Road E17

●その他の地方

セントラル・ミュージアム・アンド・アート・ギャラリー　Central Museum and Art Gallery

かつて靴の生産量イギリス一だった、ノーザンプトンの博物館では、16～19世紀の靴を展示しながら、靴の歴史を紹介している。

Abington Park, Park Avenue South, Northampton NN1 5LW

ジャックフィールド・タイル・ミュージアム　Jackfield Tile Museum

以前はタイル工場だった場所を、ヴィクトリアンを中心に、タイルに関する博物館に改装。近くにある観光名所、アイアン・ブリッジなどと共に保護されている。

Ironbridge George Museum Trust, Ironbridge, Telford Shropshire TF8 7AW

グラッドストーン・ワーキング・ポテリー・ミュージアム　Gladstone Working Pottery Museum

かつては陶器の町としてさかえたストーク・オン・トレントにあり、19世紀の窯を使っての作業が見学できる博物館。

Uttoxeter Road Longton Stoke-on-Trent ST3 1PQ

ウエッジウッド・ビジター・センター Wedgwood Visitor Centre
「ウエッジウッド村」とも呼べるほどの広大な敷地に建てられた工場の一部にある。実際の作業などを見学することができる。
Barlaston, Stoke-on-Trent ST12 9ES

衣装博物館 Museum of Costume and Assembly Rooms
1600年代からの当時のドレスなどが200点以上展示されている。
Bennet street, Bath, Avon

＊オズボーン・ハウス Osborne House
ヴィクトリア女王の別荘が「イギリス遺産」として保護され、展示されている。海が見えるように作られた、同敷地内の別荘「スイス・コテージ」は必見。
East Cows Isle of Wight, Kent

ミュージアム・オブ・ウエリッシュライフ Museum of Welsh Life St.Fagans
ウエールズ人の先祖であるケルト系民族のかつての暮らしを再現した屋外博物館。パン屋、雑貨店などが、実際に館内で商売をしている。
Cardiff CF5 6XB

ハンタリアン・ミュージアム・アンド・アート．ギャラリー Hunterian Museum and Art Gallery
マッキントッシュの作品が展示されている。グラスゴー大学内にある。
Hillhead Street, University of Glasgow, Glasgow G12 8QQ

<アンティーク、イギリス関係の参考資料>

『SUSIE COOPER PRODUCTIONS』V&A CERAMIC SERIES
『MILLER'S COLLECTABLES PRICE GUIDE 1998-9』Miller's Publications Ltd.
『MILLER'S COLLECTABLES PRICE GUIDE 2000-2001』Miller's Publications Ltd.
『MILLER'S COLLECTING THE 1950's』Reed International Books Limited
『MILLER'S Collecting Kitchenware』Christina Bishop, Reed International Books Limited
『MILLER'S Ceramic of the '20 & '30』Octopus Publishing Group Ltd.
『POOLE POTTERY』HAYWARD&ATTERBURY, Richard Dennis Publications
『POOLE POTTERY Souvenir Guide Book』
『POOLE IN THE 1950s』catalogue of an Exhibition arranged by John Clark and Richard Dennis at the RICHARD DENNIS GALLERY
『BAKELITE』PATRICK COOK AND CATHERINE SLESSOR, Quintet Publishing Ltd.
『THE BOOK OF GUINNESS ADVERTISING』GUINNESS PUBLISHIG

『アール・デコの世界1パリ　アール・デコ誕生』学研
『英国を知る辞典』研究社出版
『リーダース＋プラスV2』研究社（CD-ROM）

アール・ヌーヴォーとアール・デコ

様式	アール・ヌーヴォー	アール・デコ
年代	1890〜1910年	1920〜1930年
兆候	1900年、パリ万博	1925年、パリ万博
特徴	曲線を生かした芸術的なデザイン アシンメトリー	直線を多用した大衆的なデザイン シンメトリー
主な素材、色	ガラス、鉄、陶器など モチーフ(葉、虫、花) を生かした自然な色合い	ベークライトなど 人工的な、鮮やかな色 (黒、赤、黄、緑、紫など)
作家	ガレ(ガラス作家) ビアズレー(挿絵画家)	シャネル(服飾デザイナー)
その他	ウイリアム・モリスからの影響	アメリカに影響を与える (エンパイア・ステートビルなど)

＊アール・ヌーヴォー(Art nouveau)

19世紀末から20世紀初頭にかけてヨーロッパからアメリカに広がった装飾芸術および建築様式。フランス語で「新しい芸術」の意。この名は、ドイツ出身の美術商ビングが、1895年にパリで開いた東洋の工芸品や新しいデザインの商品を売る店名からきている。主としてフランスとイギリスで使われる。ちなみにフランスとベルギーではスティル・モデルヌ(style moderne　現代様式)、ドイツではユーゲントシュティール(Jugendstil　青春様式)など、いろいろな名前で呼ばれていたが、いずれも同質の形態と様式である。

アール・ヌーヴォーがまず最初に現れたのは工業化が進んだイギリスで、1870〜80年代のモリスとアーツ・アンド・クラフツ運動などが、イギリスのアール・ヌーヴォーの直接の源泉となっている。それ以後クレーン、ドレッサー、マクマードといったイギリスのデザイナーたちが、本の挿絵、ガラス器、銀器、家具などに、それまでの重苦しいヴィクトリアンスタイルの装飾ではなく、すっきりと整理された曲線による作品を作り始めた。

その後ベルギーではオルタのつる草のような曲線を多用した建築・室内装飾へ、フランスではギマールのパリの地下鉄デザインやガレのガラス器、ラリックのジュエリーへと多様化されていった。

＊アール・デコ(Art deco)

1901年に新しい世紀の様式を模索するために、「美術家・装飾家協会」が結成され、毎年協会主催である展示会が開かれるようになった。彼らが目指したのは、モダン・デザイン。アール・ヌーヴォーが手工芸的で曲線を特徴にしているのに対し、近代の機械・工業化の社会と適合するデザイン、つまり直線的、幾何学模様などの単純な形で無機質な美を表現しようとした。こうした新感覚のデザインは、1911年頃から少しずつ現れはじめ、1925年に「現代装飾・工業美術国際展(アール・デコ展)」がパリで行なわれて評判を呼んだのである。1929年の大恐慌による混乱で、いくらかやけ気味の「フォール・エポック(狂った時代)」とも呼ばれ、アメリカの文化であるジャズやカクテル、黒人レビューやチャールストン、自動車ラリーなどが流行した。これらの文化は、ガラスとクロームメッキを多用した、現代都市にふさわしいモダンな装飾を生み出した。

アール・ヌーヴォーが一部のエリートたちのための芸術であったのに対し、アール・デコは複製ポスターや商品パッケージングなど、大衆社会の芸術であった。1930年代に入ると、デザインはより機能主義的となり、それはカッサンドルの汽車や船のポスターに見られるように、流線型傾向が強まっていった。アール・デコはナチスの台頭と第二次世界大戦によって終焉を迎えたが、1970年代以降の現代都市の原点として再発見されつつある。

うらやましいかぎりの、究極コレクターズ・ワールド

いやー、もうびっくりしたというしかなかった。というのも、ブライトンでコレクターに会ったときのこと。

私の大好きな「プール」という陶器のコレクターだ。

ほんのきまぐれで、すごいものを見る機会が訪れた。友人であるカメラマンのビアサンとブライトンのアール・デコ・フェアへ撮影に行こうと相談していたとき、

「どんな種類のアンティークが好きなの？」

と彼女に聞かれ、そのときたまたま持っていたアンティーク・ショップ「アール・デコ・エトセトラ」のポストカードを見せた。数年前この店を訪ねたのだが、見つけることができなかった。なぜか今回、訪ねるあてもないのに、ポストカードだけを持ってきていたのだ。

「そうだ！　どうせブライトンへ行くなら、この店も撮影してもらおうかな。もしまだあったらね」

という軽い気持ちで連絡をしてもらったら、

＊アールデコ・エトセトラ
「art deco etc」73 Upper Gloucester Road, Brighton, East Sussex BN1 3LQ
tel / fax:01273-329268
email address:
johnclark@artdecoetc.co.uk

1 ジョン・クラークさんのお宅にお邪魔して、いろいろと撮影させてもらった。どれもがご自慢の逸品ばかりで、いずれの部屋にも置かれている。ジョンさんはプールの中でも、複雑な柄が描かれたハンドペイントが好きだという。ベッドルームには、とくに価値ある逸品があった
2 女性をモチーフにした壁掛けも陶製

3

4

5

6

7

8

3 暖炉にも所せましとプール
4 右はスポーツ大会の賞品として作られた、トロフィーとのこと
5 模様が複雑で、かつ大きいものがジョンさんのコレクションには多い
6 バス・ルームにもたくさん置いてある
7 バスルームの窓の上のタイルも手描きなので、価値の高い一品
8 窓辺にも、小さなコレクターズ・アイテムが

「私が集めているのは1950年代のものばかりだが、それでいいのか?」

という、先方からの確認があった。プールではその年代のものがいちばん気に入っている。大丈夫との返事をしてもらったが、同じ年代でもスタイルがまったく違うものもあるので、ちょっと心配もしていた。

以前から、イギリス人のアンティーク・コレクターに会ってみたかった。かの地の人々はアンティークのことをどのように考えているか、聞いてみたかったのだ。

かつてアンティーク・ショップ街として有名だった「ザ・レーン」という、ブライトンの中心から車でほんの2、3分行ったところに、ジョン・クラークさんのお店はあった。

第一印象は店というより、まるで博物館のよう。きれいに陳列されている。以前ポストカードになっていたベース（花瓶）もディスプレイされている。

すごすぎる……。

こんなに価値のあるプールが集まっているのは、初めて見た。

細長い店の奥に進むにつれ、おっ、キース・マーレイが、こんなところにステンレスものが、などとプール以外にも、私の好きなものでいっぱい。感激と感動がおとずれたあとに出るものといえば、ため息ばかり。

＊ザ・レーン
The Lanes　細い小道なのだが、ブライトンの町の中心街となっている。以前はアンティーク街として有名だったが、最近は激減し、観光客相手のおみやげ店などが立ち並ぶ。

おそらくひとつとして買えそうにないお値段に違いないが、ためしに気に入ったプールの花瓶のお値段を聞いたところ、１０００ポンド近かった。

ただただ、眺める。そうしたらジョンさんが、

「めぼしいものは、ほとんど家へ持っていってしまったからねえ」

「え！　まだまだあるんですか？　もしかして、ご自分のコレクションは家に？」

答えはイエス。それはそれは。せっかくだから見せてもらおうじゃないですか、とアポイントメントもなしに、急遽お宅にもお邪魔することに。

家は、お店から数分の住宅街にあった。

なんだなんだ、お宝は店よりも、おうちのほうに眠っていたんだ、と思うほどに家のあちこちにプールがずらり。とくにバスルームの棚は！　プール好きには、夢のようなバス・タイムがすごせることだろう。コレクター垂涎の一品たちが、たんまりとバスタブの上の棚に飾られていた。

ひととおりお宅を案内していただいたのだが、もう、うらやましすぎる。

廊下にあったアール・デコの陳列棚の下のほうに、なにかベークライト（プラスティックの元祖のようなもの。別名アーリー・プラスティック。１９３０年代に新素材として登場した）らしきものがごちゃごちゃっと入っている。これは？　と聞くと以前集めていたガラクタさ、なんてお答えだったけど、その中に私がずっと探しているボーン・ヴィタと

＊ボーン・ヴィタ
Bourn-Vita　１９５０年代にキャドバリーがホット・チョコレート用に作ったノベルティの名前。

1 タイルもいいが、アール・デコ・スタイルのランプ・シェイドもいい
2 イルカがモチーフになった、プールのトレードマークのタイルなど
3 階段下の廊下部分には、アール・デコの陳列棚が
4 急に押しかけたのに、快く撮影に応じてくれたジョンさん。お気に入りのプールと

5

6

7

5 ジョンさんのお店「art deco etc」の前で
6 入り口左側にある、ショーウインドウにて
7 ディスプレイ棚には、私と共通する趣味のものばかりだった。白い花瓶(大) はキース・マーレイ

いうマグカップも希少価値である蓋付のセットであったり、また、ここんちはランプ・シェイドや鏡などのインテリアにも凝っていて、アール・デコ・フェアで「ちょっといいな」と思った品より断然いいものばかりが置いてあった。

興奮状態が続いて、頭が朦朧としてきた私を察してくれたのか、

「リビングでお茶でもいかが？」

と言ってくださった。それでちょっと、お話をおうかがいすることに。

「いつからお店を？」

「1979年にオープンしたんだ。店を始めた頃は、クラリス・クリフが好きで、そればかりを集めていてね。35ポンドで買ったティー・フォー・トゥーが、2000ポンドで売れて、これはいけるかもしれないと。でも、そのうちプールが気に入って。とくにハンド・ペイントが好きになったんだ。クオリティーがとてもよいのでね」

「なぜ、ブライトンでお店を？　以前ブライトンはアール・デコのアンティークが多く売られていたという話を聞いたことがあるんですが、それと関係がありますか？」

「ブライトンというのは、お金持ちが多く住んでいる町だったから、その人たちが持っているものを売る店というのが、ザ・レーンに以前は100軒くらいあったんだ。ちょうどアール・デコのものを持っている人が多くて、15年前に駅前でカーブーツが始まったときには、

＊クラリス・クリフ
Clarice Cliff（1899〜1972）。イギリスではアール・デコ陶器の第一人者としてスージー・クーパーよりも人気がある。独特のオレンジ色を使い、大胆なフリーハンド・ペインティングが特徴。

＊ティー・フォー・トゥー
2人用のティーセット。カップ&ソーサー、ティーポット、クリーマー、シュガーポット、ホットウォータージャグなどがセットになっている。いずれのブランドでもこのセットは人気が高く、値段も高め。

そこにもデコのものが出ていた。そんなせいか、ブライトンの街はアール・デコの扱いに対して積極的でね。１９９８年にはアール・デコの展覧会が、ブライトン・ミュージアムで開かれたりした。

15～20年前くらいから、レーンが変わり始めたね。アンティーク・ディーラーが買いあさったり、『アンティーク・ロードショー』というテレビ番組の影響で、どんどんアンティーク・ショップがなくなっていった」

「プールのどんなところが気に入ってますか？」

「クリフといい、ハンド・ペイントのものが好きなんだけど、プールはハンド・ペイント、ハンドメイドだからね。同じものがひとつしかないというよさがいい」

と言って、ジョンさんはサンプルを見せてくれた。それは１９３０年代の花瓶で、細かい線が網のように何十本と描かれている。

「ほら、この細い線が太くなったり細くなったりすることなく続いていくだろう。これは相当の技術を要するんだ。プールでもとくに、アルフレッド・リード、アン・リードの親子が描いたものは、最高級品だね」

なるほど。いや、その名は本でちらっと読んだけど、くわしくは知らなかった。

「ここ4、5年でプールは、ずいぶんと値段が上がってきているね。１９９６年に友人から25ポンドで買ったポットを、こないだ400か500ポンドで売ったよ。e-bayなら、600だった。

＊アルフレッド・リード、アン・リードの親子
Alfred Burgess Read,Anne Read　1950年に、それまでプールの中心デザイナーであったジョン・アダムスから仕事を引き継ぐと、彼はモダン・デザインの陶器をプールの主力として、アンと共に繊細で巧みなハンド・ペイント作品を作り出していった。

とくにこの2、3年はすごい」

イギリスでは、そうだったのか。日本ではまだまだ、プールの知名度は低いけれど。

「僕はサイコセラミック、セラマホリックだからさ」

と最後に言われたのだが、一瞬なんのことだかわからなかったけれど、これはジョンさんが考えた造語であり、ジョーク。それだけ陶器がものすごーく好きだ、と言いたかったのだろう。

お話をうかがっていたリビングのテーブルの端にも、なにか黒ずんだステンレスのような塊があって、少し気になった。手元に引き寄せてじーっと見ると、それがなんとクリストファー・ドレッサーのトースト・ラック!! これは知る人ぞ知るアンティーク中のアンティークで、実物にお目にかかるのは初めて。いや、ロンドンのヴィクトリア&アルバート・ミュージアムでいっぺん見た。オリジナルは数十万もするし、レプリカでもセットだと十数万。欲しいけど、買えないものがここに!

「これはクリストファー・ドレッサーですよね?」

「うん。でも昔に買ったものだから…」

ジョンさんはドレッサーだろうがなんだろうが、汚れたものを引っ張り出してきて、見られたことのほうが恥ずかしそうだった。

＊クリストファー・ドレッサー
Christopher Dresser（1834〜1904）当時流行したウイリアム・モリスの提唱した「アーツ・アンド・クラフツ」美術工芸化運動とは異なり、工業的大量生産がデザインに及ぼす影響を計算に入れた、斬新なデザインの装飾芸術学者。植物学者でもあった。

他にもキッチンには、前から欲しいと思っていたベークライトの壁掛け時計があるし、お皿立てはフィフティーズのアイアンのラックだし、もうなにからなにまでうらやましくて、おかしくなりそうなほど。

以前は建築家だったというジョンさん。彼の趣味が隅々まで行き渡っているお店&お宅を、お茶を入れてくれた奥様は、

「あっちこっち気をつけて歩かなければいけないから、たいへん」

なんて、ちょっと邪魔そうな感じの本音を聞いちゃったけど、私はシンプルにうらやましい。でもあれだけの情熱を自分が持ち続けることができるだろうか。それとまた新たなるプールの魅力を知ってしまったので、これからグレードアップしたものがまた欲しくなりそうで、それもちょっと怖い。

旅のおわりに――あとがきにかえて

今回の本は、２０００年の秋にダンナとふたり、ロンドンへ行ったときのことが下地となっている。12日間という短い滞在だったけれど、いつもの旅とはちょっと違う感じだった。

それは友人のジュリアン&ローザのフラットにいそうろうさせてもらったことが大きいだろう。どうもありがとう！　フラットで楽しくごはんを食べたり、ワインを飲みつつ夜遅くまで話したのは、忘れられない。

毎年ロンドンに行っていると、正直に言って楽しくないときもある。買い付けに失敗したとき、取材がうまくいかなかったときなど、過去を振り返れば楽しい思い出ばかりではないし、一時期は仕事に追われて、ややロンドン行きが苦痛に思えたこともあった。

けれど今回の旅は、また新しいイギリス、新しいアンティークの楽しみかたをみつけられた気がする。リンカーンにもまた行ってみたいし、ブライトンを訪ねたら、ひとことお礼を言いにジョンさんのお店をのぞいてみたいし、そうそう、オクソ・タワーのアール・デコも見てこなくっちゃ。またまた行きたい、見たいものをいろいろと見つけてしまった。

まだ私はイギリスやアンティークを飽きるほどは見ていない。

今度はいったい、どんな新しい発見がイギリスで待っていることだろう?

この本を作るに至って、いろいろな人にお世話になった。この場でお礼を言っておきたい。

まずはロンドンにて。Julian&Rosa。またロンドンで会いましょう。コーディネーターのみのはらさん、子育てで忙しいところ、取材に同行してもらった。ビアサンも大量に写真を撮ってくれたのに、その半分も使えずに、申し訳ない。

実際の作業には、カメラマンの福原ゆりさん、デザイナーの中村善郎さんとＪＴＢの原畑由美子さんに、たいへん世話になった。本ができたら、おいしいものでも食べましょう。

２００1年1月28日　東京に大雪が降った日に

小関由美

キッチン・タイマーやはかり、
めずらしいプラスティックのブレッド缶など

イギリスでアンティーク雑貨を探す

初版印刷　2001年3月15日
初版発行　2001年4月1日
著者　小関由美
発行人　青木玲二
発行所　JTB
〒140-8603　東京都品川区東品川2-3-11　JTBビル7階
出版事業局書籍編集部　03-5796-5555
図書のご注文は出版販売センターへ
〒140-0002　東京都品川区東品川2-3-11　JTBビル7階
03-5796-5593
印刷所　大日本印刷

Printed in Japan　801980　ISBN4-533-03821-2　C0095